21世纪高等教育计算机规划教材

数据库原理及应用实践教程

Database Principle and Application
Practice Tutorial

何友鸣　主编

金大卫 宋洁　副主编

人民邮电出版社

北京

图书在版编目（CIP）数据

数据库原理及应用实践教程 / 何友鸣主编. -- 北京：
人民邮电出版社，2014.2（2014.12 重印）
21世纪高等教育计算机规划教材
ISBN 978-7-115-33850-1

Ⅰ．①数… Ⅱ．①何… Ⅲ．①关系数据库系统—高等
学校—教材 Ⅳ．①TP311.138

中国版本图书馆CIP数据核字(2013)第317484号

内 容 提 要

本书由 12 章组成，前 10 章对教材每一章的内容进行学习指导，包括学习目的、学习要求、阅读内容、习题解答、课外习题及解答和实验指导等。本书各章都配有案例素材，以扩展读者信息量。本书的第 11 章和第 12 章还提供了重要的阅读素材，介绍数据库发展的前沿知识，包括空间数据库和 Access 数据交换及 Excel 应用等。另外，本书还涵盖了计算机等级考试二级 Access 考试大纲的主要内容。

本书可作为大专院校有关专业学生数据库技术课程的配套教材使用，对从事大学数据库技术教学的教师，以及数据库技术方面的从业工程技术人员、管理人员、财会人员、办公室工作人员等，也是一本极好的参考书。

◆ 主　　编　何友鸣
　　副 主 编　金大卫　宋　洁
　　责任编辑　武恩玉
　　责任印制　彭志环　杨林杰

◆ 人民邮电出版社出版发行　北京市丰台区成寿寺路 11 号
　　邮编 100164　电子邮件 315@ptpress.com.cn
　　网址 http://www.ptpress.com.cn
　　大厂聚鑫印刷有限责任公司印刷

◆ 开本：787×1092　1/16
　　印张：11.25　　　　　　　　　　2014 年 2 月第 1 版
　　字数：296 千字　　　　　　　　2014 年 12 月河北第 2 次印刷

定价：28.00 元
读者服务热线：(010)81055256　印装质量热线：(010)81055316
反盗版热线：(010)81055315
广告经营许可证：京崇工商广字第 0021 号

前言

本书是《数据库原理及应用》的同步辅导书，在结构上基本与配套教材一致。全书由 12 章组成，内容涵盖了计算机等级考试二级 Access 考试大纲的主要内容。前 10 章遵循配套教材的构架，对每一章的内容进行指导，包括学习目的、学习要求、阅读内容、习题解答、实验题解答、课外习题及解答，以及步骤完整的实验指导等。每章都配有案例材料，学习方法和实验指导，以扩展读者的信息量。这里要强调的是，实验指导对于学习本课程特别重要。由于数据库应用需要大量上机实际实验，所以实验题目及实验指导必不可少。

本书除前面与教材同步指导的 10 章内容之外，还增加了重要阅读内容，组成了第 11 章和第 12 章。其中，第 11 章 Web 数据库应用，提供基于网络的空间数据库内容；第 12 章数据交换及 Excel 应用，主要介绍 Access 与外部数据的交换应用及 Access 与 Excel 的数据传递和关联。这两章是关于数据库发展前沿知识和 Access 应用的重要方面。限于篇幅和实际教学学时的影响，我们把这两章放在最后，供读者选学和阅读。

"数据库原理及应用"是一门实践性很强的课程，它不仅要求学生掌握数据库的基础知识与理论，还要求学生在计算机的实际操作上达到一定的熟练程度，能够运用数据库解决日常工作中的问题。为了加强实验教学，提高学生的实际动手能力，我们编写了本书，力求高效辅助教学。

本书由何友鸣主编，金大卫、宋洁副主编。参加本书编写的还有甘霞、李亮、王静、刘胜燕、刘阳、方辉云、鲁圆圆、徐冬、肖莹慧、何苗、庄超等。另外，还有胡仁、冯浩、鲁星、韩杰、赵清强等对本书的编写提供了帮助。本书在编写和出版过程中，得到了中南财经政法大学武汉学院的领导和同仁，以及武汉学院信息系教职员工的大力支持，在此向他们深表谢意！

由于水平所限，书中不足之处在所难免，恳请广大读者提出宝贵意见。最后，由衷地感谢支持和帮助我们的所有朋友们！谢谢你们使用和关心本书，并预祝你们教学、学习或工作成功！

编　者
2014 年初于中南财经政法大学武汉学院

目 录

第1章
数据库基本知识

1.1　学 习 指 导

本章主要介绍数据库的基础知识。先要弄清楚几个概念，如数据、信息、数据处理与数据处理系统等，从数据管理引申出数据库技术、建立数据库系统的基本概念，再从理论上介绍数据库设计的步骤和方法，最后简要介绍数据库技术的发展和当代常用的数据库管理系统。

1. 学习目的

本书简要介绍数据库技术在当代的重要性和基本原理，重点介绍 Microsoft Office 的 Access 小型关系数据库系统的应用技术，版本以 2003 为主。第 11、12 章还适当介绍了 Web 数据库的知识和 Excel 的一些高级应用。

计算机是当今社会最重要的信息处理工具，而数据库技术则是信息处理的主要技术之一，信息处理和数据库技术的核心内容是数据管理。

在计算机领域，信息和数据是密切相关的两个概念。通过本章的学习，要弄清楚信息、数据及相关概念，为后面具体数据库原理和技术的学习打下良好的基础。

2. 学习要求

通过本章内容的学习，我们可掌握有关数据库的基本概念及"数据库原理及应用"课程的必要准备知识。

本章从应用的角度对数据库技术进行了宏观的概括。首先从信息和数据是密切相关的两个概念出发，重点介绍了信息、数据的概念，信息与数据的关系，以及数据处理的含义，使读者了解到数据库技术是计算机数据管理和数据处理的核心技术。从发展过程看，计算机数据管理经历了手工管理、文件系统和数据库系统 3 个阶段。数据库系统包括与数据库相关的所有软硬件和人员，其中最核心的是数据库和 DBMS；DBA 是数据库系统中非常重要的成员。

本章的核心是数据库基本理论。学习本章，应该对数据库应用的主要环节及内容有一个系统、整体的了解，为后续内容的学习打下基础。

1.2 阅　　读

1．必要的预备知识

数据　Data

数据库　DB=Data Base

数据库系统　DBS=Data Base System

数据库管理系统　DBMS= Data Base Management System

数据库应用系统　DBAS= Data Base Application System

决策支持系统　DSS= Decision Support System

DSS 的组成：

模型库　MB=Model Base

模型库管理系统　MBMS= Model Base Application System

2．数据库的基本术语

（1）数据库（DB）：以一定的方式将相关数据组织在一起并存储在外存储器上形成的、能为多个用户共享的、与应用程序彼此独立的一组相互关联的数据集合。

（2）数据库管理系统（DBMS）：帮助用户建立、使用和管理数据库的软件系统。它由 3 个基本部分组成：

① 数据描述语言（DDL）。

② 数据操作语言（DML）。

③ 其他管理和控制程序。

（3）数据库系统（DBS）：以计算机系统为基础，以数据库方式管理大量共享数据的综合系统。

（4）数据库应用系统（DBAS）：在数据库管理系统的支持下建立的计算机应用程序。

3．数据库系统的特点

（1）数据结构化。

（2）数据共享。

（3）数据独立性。

（4）可控冗余度。

（5）统一的管理和控制。

4．数据库模式

数据库模式主要分为物理结构和逻辑结构两个方面。

数据库系统的三级模式中还提供了两个映像功能：一个是在物理结构与逻辑结构之间的映像（转换）功能；另一个是在逻辑结构与用户结构之间的映像（转换）功能。第一种映像使数据库物理结构发生改变时逻辑结构不变，因而相应的程序也不变，这就是数据库的物理独立性；第二种映像使逻辑结构发生改变时，用户结构不变，应用程序也不用改变，这就是数据和程序的逻辑独立性。

5．数据模型的基本概念

（1）模型的概念：数据库中数据模型是抽象地表示和处理现实世界中数据的工具。

模型应当满足以下要求：一是真实反映现实世界；二是容易被人理解；三是便于在计算机上实现等。

以人的观点模拟现实世界的模型叫做概念模型，以计算机系统的观点模拟现实世界的模型叫做数据模型。

（2）概念模型：概念模型按用户的观点对现实世界进行建模。

① 基本术语。

实体：客观存在，并且可以相互区别的事物称为实体。

属性：实体具有的每一个特性都称为一个属性。

码：在众多属性中，能够唯一标识实体的属性或属性组。

域：属性的取值范围称为该属性的域。

实体型：用实体名及描述它的各属性名，可以刻画出全部同质实体的共同特征和性质，它被称为实体型。

实体集：某个实体型下的全部实体叫做实体集。

联系：分为实体内部联系和实体外部联系。

② 实体型之间的联系。

一对一联系，记作 1∶1。

一对多联系，记作 1∶n。

多对多联系，记作 m∶n。

③ 实体集内部的联系。

实体集内部的联系也是 1∶1、1∶n 和 m∶n。

（3）数据模型：分为逻辑数据模型和物理数据模型两类。

逻辑数据模型是用户通过数据库管理系统看到的现实世界，它描述了数据库数据的整体结构。逻辑数据模型通常由数据结构、数据操作和数据完整性约束三部分组成。

数据结构是对系统静态特性的描述，它是数据模型中最重要的部分，所以一般以数据结构的类型来命名数据模型，如层次模型、网状模型、关系模型、面向对象模型等。

物理数据模型是用来描述数据的物理存储结构和存储方法的。它不但受数据库管理系统的控制，而且与计算机存储器、操作系统密切相关。

数据模型有如下分类。

① 层次模型（Hierarchical Model）。层次模型以每个实体为节点，实体之间按层次关系来定义，上层节点叫做父节点，下层节点叫做子节点。其特征如下。

- 仅有一个无双亲的根节点。
- 根节点以外的子节点，向上仅有一个父节点，向下有若干个子节点。

② 网状模型(Network Model)。其特征如下。

- 有一个以上的节点无双亲。
- 至少有一个节点有多个双亲。

③ 关系模型 (Relational Model)。关系模型以人们经常使用的表格形式作为基本的存储结构，通过相同关键字段来实现表格间的数据联系。

④ 面向对象模型 (Object-Oriented Model)。面向对象模型是一种新兴的数据模型，它采用面向对象的方法来设计数据库。

1.3 习 题 解 答

一、单项选择题

1. 数据库系统的核心是【B】。
   - A. 数据模型
   - B. 数据库管理系统
   - C. 数据库
   - D. 数据库管理员

2. 对客观世界的事物及事物之间联系的形式化描述即【B】。
   - A. 数据库
   - B. 数据模型
   - C. 数据表
   - D. 数据关系

3. 在计算机中，DBA 表示的是【C】。
   - A. 数据库
   - B. 数据库系统
   - C. 数据库管理员
   - D. 数据库管理系统

4. 在计算机中，MIS 表示的是【C】。
   - A. 数据库
   - B. 数据库系统
   - C. 管理信息系统
   - D. 数据库管理系统

5. 在计算机中，DB 表示的是【A】。
   - A. 数据库
   - B. 数据库系统
   - C. 数据库管理员
   - D. 数据库管理系统

6. 在计算机中，DBMS 表示的是【D】。
   - A. 数据库
   - B. 数据库系统
   - C. 数据库管理员
   - D. 数据库管理系统

7. 拥有对数据库最高处理权限的是【D】。
   - A. 数据模型
   - B. 数据库管理系统
   - C. 数据库
   - D. 数据库管理员

8. 现实世界中任何可相互区别的事物称为【A】。
   - A. 实体
   - B. 属性
   - C. 域
   - D. 标识符

二、填空题

1. 当代企业对信息处理的要求归结为<u>及时</u>、<u>准确</u>、<u>适用</u>、<u>经济</u> 4 个方面。
2. 目前，在数据处理系统中，最主要的技术是<u>数据库技术</u>。
3. 数据库中的数据具有<u>集中性</u>和<u>共享性</u>。
4. <u>数据共享</u>是指多个用户可以同时存取数据而不相互影响。
5. 数据处理的目的是获取有用的信息，核心是<u>数据</u>。
6. 描述和表达特定对象的信息，是通过对这些对象的各属性取值得到的，这些属性值就是<u>数据</u>。
7. <u>数据库技术</u>是目前最主要的数据管理技术。
8. 数据库中，<u>数据</u>是最重要的资源。

三、名词解释

1. 数据处理系统的开发。

【参考答案】数据处理系统的开发是指在选定的硬件、软件环境下，设计实现特定数据处理目标的软件系统的过程。

2．应用程序。

【参考答案】应用程序（Application）是在 DBMS 的基础上，由用户根据应用的实际需要所开发的，用于处理特定业务的程序。

3．数据库管理员。

【参考答案】数据库管理员（DBA）是一个负责管理和维护数据库服务器的人。数据库管理员负责全面管理和控制数据库系统，安装和升级数据库服务器（如 Oracle、Microsoft SQL Server）及应用程序工具。数据库管理员要为数据库设计系统存储方案，并制定未来的存储需求计划。

4．数据库应用系统。

【参考答案】数据库应用系统（DBAS）是在数据库管理系统（DBMS）的支持下建立的计算机应用系统。

5．数据库用户。

【参考答案】数据库用户（DBUser）是指管理、开发、使用数据库系统的所有人员，通常包括数据库管理员、应用程序员和终端用户。

6．实体。

【参考答案】实体是现实世界中任何可区分、识别的事物。实体可以是具体的人或物，也可以是抽象的概念。

7．实体的属性。

【参考答案】实体所具有的特性称为实体的属性。

8．实体型和实体值。

【参考答案】实体型就是实体的结构描述，通常是实体名和属性名的集合。
实体型的取值就是实体值。

四、问答题

1．什么是信息？

【参考答案】对于信息，不同的行业、学科基于各自的特点，也提出了各自不同的定义。一般认为，信息（Information）是指数据经过加工处理后所获取的有用知识。信息是以某种数据形式表现的。

2．什么叫数据处理系统？数据处理系统主要指哪些内容？

【参考答案】为实现特定的数据处理目标所需要的所有资源的总和称为数据处理系统。一般情况下，主要指硬件设备、软件环境与开发工具、应用程序、数据集合、相关文档。

3．如何理解数据？数据与信息有什么关系？

【参考答案】数据（Data）是指人们通常用来表示客观事物的特性和特征所使用各种各样的物理符号，以及这些符号的组合。

数据是载荷信息的物理符号，信息是对事物运动状态和特征的描述。而一个系统或一次处理所输出的信息，可能是另一个系统或另一次处理的数据。

数据和信息是两个既相互联系，又相互区别的概念，数据是信息的具体表现形式，信息是数据有意义的表现。

我们可以理解，数据和信息是两个相对的概念，相似而又有区别，因而经常混用。

4．简述数据处理的含义。

【参考答案】数据处理就是将数据转换为信息的过程，也即对数据进行收集、整理、组织、存储、维护、加工、查询、传输的过程。数据处理的目的是获取有用的信息，数据处理的核心是数据。

5. 计算机数据处理技术经历了哪几个阶段？各阶段的主要特点是什么？

【参考答案】经历了 3 个阶段：人工管理阶段、文件管理阶段和数据库管理阶段。

在人工管理阶段，由于数据与应用程序的对应、依赖关系，因而数据冗余、结构性差，而且不能长期保存。

在文件管理阶段，其主要特点是计算机中有专门的管理数据的软件（即文件系统管理模块），数据可以长期保存；程序和数据有了一定的独立性。但文件系统只是简单地存放数据，数据的存取在很大程度上仍依赖于应用程序，也就是数据由应用程序定义，不同程序难于共享同一数据文件，数据独立性较差，仍有较高的数据冗余，极易造成数据的不一致。

在数据库管理阶段，数据库技术的发展使数据有了统一的结构，对所有的数据实行统一、集中、独立的管理，以实现数据的共享，保证数据的完整性和安全性，提高了数据管理的效率。

6. 什么是数据库？什么是数据库管理系统？

【参考答案】简单地说，数据库就是相关联的数据的集合。数据库中存放着数据处理系统所需要的各种相关数据，是数据处理系统的重要组成部分。

数据库管理系统是指负责数据库存取、维护、管理的系统软件。数据库管理系统提供对数据库中数据资源进行统一管理和控制的功能，将用户应用程序与数据库数据相互隔离。数据库管理系统是数据库系统的核心，其功能的强弱是衡量数据库系统性能优劣的主要指标。

7. 数据共享包括哪些方面？

【参考答案】数据共享包括 3 个方面：所有用户可以同时存取数据；数据库不仅可以为当前的用户服务，也可以为将来的新用户服务；可以使用多种语言完成与数据库的接口。

8. 简述数据模型的含义和作用。

【参考答案】数据模型（Data Model）是指数据库中数据与数据之间的关系。

数据模型是数据库系统中一个关键的概念，数据模型不同，相应的数据库系统就完全不同，任何一个数据库管理系统都是基于某种数据模型的。

9. 试述分布式数据库系统的主要特点。

【参考答案】分布式数据库系统由多台计算机组成，每台计算机上都配有各自的本地数据库，各计算机之间由通信网络连接。

分布式数据库系统的主要特点如下。

（1）数据是分布的。数据库中的数据分布在计算机网络的不同节点上，而不是集中在一个节点，区别于数据存放在服务器上由各用户共享的网络数据库系统。

（2）数据是逻辑相关的。分布在不同节点的数据，逻辑上属于同一个数据库系统，数据间存在相互关联，区别于由计算机网络连接的多个独立数据库系统。

（3）节点的自治性。每个节点都有自己的计算机软/硬件资源、数据库、数据库管理系统（Local Data Base Management System，LDBMS，又称局部数据库管理系统），因而能够独立地管理局部数据库。

10. 面向对象数据库系统的基本设计思想是什么？

【参考答案】面向对象数据库系统（Object-Oriented Data Base System，OODBS）是将面向对象的模型、方法和机制与先进的数据库技术有机地结合而形成的新型数据库系统。它从关系模型中脱离出来，强调在数据库框架中发展类型、数据抽象、继承和持久性；它的基本设计思想是：

一方面把面向对象语言向数据库方向扩展，使应用程序能够存取并处理对象，另一方面扩展数据库系统，使其具有面向对象的特征，提供一种综合的语义数据建模概念集，以便对现实世界中复杂应用的实体和联系建模。因此，面向对象数据库系统首先是一个数据库系统，具备数据库系统的基本功能，其次是一个面向对象的系统，是针对面向对象的程序设计语言的永久性对象存储管理而设计的，充分支持完整的面向对象的概念和机制。

1.4　课外习题及解答

一、单项选择题

1. 目前最重要和使用最普遍的信息处理工具是【 C 】。
    A．Internet　　　　B．Intranet　　　　C．计算机　　　　D．硬盘
2. Microsoft Office 组件中属于 DBMS 的是【 A 】。
    A．Access　　　　B．Excel　　　　C．PowerBuilder　　D．DB2
3. 不属于常用的 DBMS 的是【 C 】。
    A．Oracle　　　　B．DM　　　　　C．CRM　　　　　D．My SQL
4. 定义信息是事物不确定性的减少的是【 B 】。
    A．诺伯特·维纳　　B．香农　　　　C．冯·诺依曼　　　D．富兰克尔
5. 数据库中最重要的资源是【 D 】。
    A．信息　　　　　B．记录　　　　C．硬件　　　　　D．数据

二、多项选择题

1. 信息的属性有【 ABCD 】。
    A．可共享性　　　B．易存储性　　　C．可压缩性　　　D．易传播性
2. 用户需求主要包括【 AD 】。
    A．信息需求　　　B．逻辑需求　　　C．物理需求　　　D．功能需求
3. 下列属于数据模型的是【 ABC 】。
    A．层次模型　　　B．网状模型　　　C．关系模型　　　D．数字模型
4. 完整的数据模型包括【 BCD 】。
    A．数据备份　　　B．数据约束　　　C．数据操作　　　D．数据结构

三、名词解释

1. 数据处理。

【参考答案】数据处理就是指对数据进行收集、整理、组织、存储、维护、加工、查询、传输的过程。

2. 实体码。

【参考答案】用来唯一确定或区分实体集中每一个实体的属性或属性组合称为实体标识符或实体码。

3. 数据库设计。

【参考答案】数据库设计是指对于给定的应用环境，设计构造最优的数据库结构，建立数据库及其应用系统，使之能有效地存储数据，对数据进行操作和管理，以满足用户各种需求的过程。

4. 物理设计。

【参考答案】物理设计是将逻辑设计的数据模型结合特定的 DBMS 设计出能在计算机上实现的数据库模式。

5. 实体。

【参考答案】实体指现实世界中任何可相互区别的事物。

6. 数据模型。

【参考答案】数据模型是指对客观世界的事物及事物之间联系的形式化描述。

四、问答题

1. 数据管理员（DBA）的主要工作有哪些?

【参考答案】数据管理员的主要工作包括安装、升级数据库服务器，监控数据库服务器的工作并优化，正确配置使用存储设备，备份和恢复数据，管理数据库用户和安全维护，与数据库应用开发人员协调，转移和复制数据，建立数据仓库等。

2. 数据库系统是什么?

【参考答案】数据库系统是指在计算机中引入数据库后的系统构成，由计算机软/硬件、数据库、DBMS、应用程序、数据库管理员和数据库用户构成。

3. 什么是数据共享? 它有哪些优点?

【参考答案】数据共享的意思是不同应用程序使用同一个数据库中的数据时不需要各自定义和存储数据。数据库中的数据是面向应用系统内所有用户需求、面向整个组织的，是完备的。针对特定功能的应用程序中使用的数据从数据库中抽取。所以数据库中的数据在不同应用程序中无需重复保存，这样使数据冗余度减到最低，也增强了数据库中数据的一致性。

4. DBMS 具有哪些主要功能?

【参考答案】

（1）数据库定义功能。

（2）数据库操纵功能。

（3）支持程序设计语言。

（4）数据库运行控制功能。

（5）数据库维护功能。

5. 数据库中采用三级模式、二级映射的好处有哪些?

【参考答案】

（1）方便用户。

（2）实现了数据共享。

（3）利于实现数据独立性。

（4）有利于数据的安全与控制。

6. 关系模型存在的主要不足有哪些?

【参考答案】

（1）基本数据类型不能满足需要。

（2）数据结构简单。

（3）数据和行为分离。

（4）一致约束不完全。

（5）事务短寿，并发控制机制简单。

第2章
关系数据库基础

2.1 学习指导

本章展开介绍在第1章数据模型内容中提到的关系模型和关系数据库系统的基本理论。本章的重点是关系模型、关系数据库系统和关系数据库的建立，还介绍关系数据库的完整性。本章所介绍的"武汉学院教材管理系统"数据库的基本状况是贯穿全书的用例。

1. 学习目的

在数据库领域中，最广泛应用的基础理论是关系数据理论，我们常用的数据库管理系统基本上都是关系型的。关系数据理论的核心是关系数据模型。本章就介绍关系数据库理论基础，为后面关系数据库系统的应用（具体说就是 Access 的应用）打下必要、坚实的基础。

2. 学习要求

本章的核心内容是关系数据库基本理论，包括关系、关系模型、关系数据库、关系数据库的完整性及关系规范化理论。所述关系数据库的建立设计方法、关系数据库的完整性和关系规范化等，都是关系数据库系统的重要内容，读者通过本章的学习，对关系数据库理论及应用的主要环节及内容有一个系统、整体的了解，以利于我们的后续学习。

2.2 阅　　读

1. 关系模型

关系模型建立在集合论和谓词演算公式的基础上，它逻辑结构简单、数据独立性强、存取具有对称性、操作灵活。

在数据库中的数据结构如果依照关系模型定义，就是关系型数据库系统。关系数据库系统由许多不同的关系构成，其中一个关系就是一个实体，可以用一个二维表表示。

关系二维表中的术语如下。

关系（Relation）	框架（Framework）
属性（Attribute）	分量
元组（Topple）	域（Domain）

候选码（Candidate Key）	非主属性（Non-key Attribute）
主码（Primary Key）	关系模式
主属性（Primary Attribute）	关系规范化

2. 关系运算

关系数据模型的理论基础是集合论，每个关系就是一个笛卡儿积的子集。在关系数据库系统中的各种处理都是以传统集合运算和专门的关系运算为依据的。

传统集合运算有并、交、差 3 种。

（1）并（Union）运算的结果是两个关系中所有元组的集合，如图 2T 阅读 1 所示。并即合并，是把两张表合并成一张表。

（2）交（Intersection）运算的结果是两个关系中所有重复元组的集合，如图 2T 阅读 2 所示。

比如两张不同班级的课表中，共同课程组成的一张课表，就是这两张不同班级课表的交运算的结果。

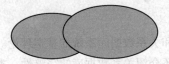 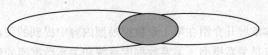

图 2T 阅读 1　并运算示意　　　　　　图 2T 阅读 2　交运算示意

（3）差（Differnce）运算的结果是两个关系中除去重复的元组后，第一个关系中的所有元组，如图 2T 阅读 3 所示。

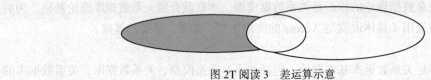

图 2T 阅读 3　差运算示意

例如，两张不同班级的课表中，去掉共同的课程后组成的一张课表，就是这两张不同班级课表的差运算的结果。

3. 关系操作

专门的关系运算有选择、投影和连接。

（1）选择（筛选）运算是对关系表中元组（行）的操作，操作结果是找出满足条件的元组。对表中的行，按条件进行选取。

（2）投影运算是对关系表中属性（列）的操作，操作结果是找出关系中指定属性全部值的子集。对表中的列，按条件进行选取。

（3）连接运算是对两个关系的运算，操作结果是找出满足连接条件的所有元组，并且连接成一个新的关系。

对两表选取符合连接条件的元组。例如，在两张不同班级的课表中，连接条件为"周一"的所有课程的集合。

4. 数据库设计

目前，几乎所有的计算机应用系统都是使用数据库技术来组织数据的存储和应用，所以这里介绍数据库设计。

（1）数据库设计的目标和要求。

数据库设计的目标：建立一个适合的数据模型。

数据库设计的要求如下。

① 满足用户的要求。既能合理地组织用户需要的所有数据，又能支持用户对数据库的所有处理功能。

② 满足某个数据库管理系统的要求。能够在数据库管理系统（如 Visual FoxPro）中实现。

③ 具有较高的范式。数据完整性好、效益高，便于理解和维护，没有数据冲突。

（2）设计阶段。分为 3 个阶段，即概念结构设计、逻辑结构设计、物理结构设计，如表 2T 阅读 1 所示。

表 2T 阅读 1 　　　　　　　　　　数据库设计的 3 个阶段

概念结构设计	逻辑结构设计	物理结构设计
从概念上把对象表示出来，如实体、属性、联系等，主要是画 E-R 图	把实体转换为关系，即描述库结构	在具体数据库系统上实现
根据概念数据模型转换	为一个确定的逻辑模型选择一个最适合应用要求的物理结构	这里选定 Visoual Foxpro 6.0
建立系统概念模型，与数据库的具体实现技术无关；系统内的信息处理情况	具体数据库系统能接收的逻辑数据模型，如层次、网状、关系模型等	为一个确定的逻辑数据模型选择一个最适合应用要求的物理结构的过程；合适的数据库管理系统的选择

数据库设计过程如图 2T 阅读 4 所示。

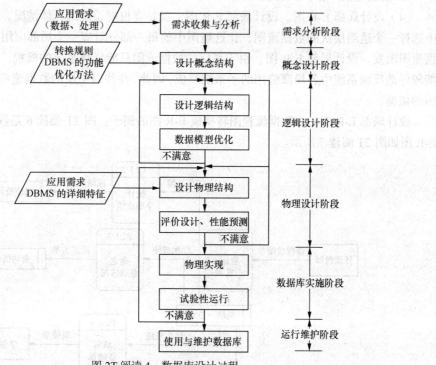

图 2T 阅读 4　数据库设计过程

第一阶段：概念结构设计。概念数据模型是按人们的认识观点从现实世界中抽象出来的、属于信息世界的模型。概念数据模型是面向问题的模型，反映了用户的现实工作环境，是与数据库的具体实现技术无关的。

第二阶段：逻辑结构设计。这个阶段就是要根据已经建立的概念数据模型，以及所采用的某个数据库管理系统软件的数据库模型特征，按照一定的转换规则，把概念模型转换为这个数据库管理系统所能够接受的逻辑数据模型。

第三阶段：物理结构设计。这是数据库设计的最后阶段。为一个确定逻辑数据模型选择一个最适合应用要求的物理结构的过程，就叫做数据库的物理结构设计。

（3）概念结构设计。

① 建立概念数据模型。

主要工具是 E-R 图（Entity–Relationship Diagram，实体-联系图)，E-R 图主要由实体、属性和联系 3 个要素构成。

图例即图形符号，共有 4 个，如图 2T 阅读 5 所示。

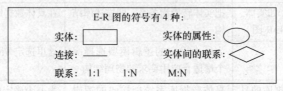

图 2T 阅读 5　E-R 图所用的符号/图例

② 确定系统实体、属性及联系。

③ 确定局部（分）E-R 图。

④ 集成完整（总）E-R 图。

（4）设计局部 E-R 图。设计局部 E-R 图，就是要根据系统的具体情况，在多层的数据流图中选择一个适当层次的数据流图，让这组图中的每一部分对应一个局部应用，从这一层次的数据流图出发，设计局部 E-R 图。由于高层的数据流图只能反映系统的概貌，而中层的数据流图能较好地反映系统中各局部应用的子系统组成，因此，往往以中层的数据流图作为设计局部 E-R 图的依据。

设计局部 E-R 图，由数据流程图转换成 E-R 图的例子：图 2T 阅读 6 是数据流程图，转换的 E-R 图如图 2T 阅读 7 所示。

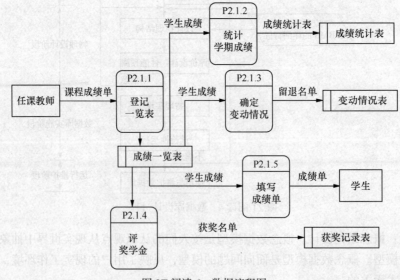

图 2T 阅读 6　数据流程图

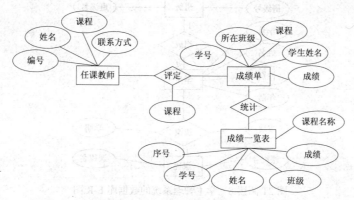

图 2T 阅读 7　转换的 E-R 图

将"成绩分析"数据流图转换为 E-R 模型。数据流图分为两部分：一部分是成绩登记，另一部分是成绩分析。

（5）E-R 图的集成。

① 合并局部 E-R 图。可能存在的三类冲突是：属性冲突、命名冲突和结构冲突。

② 修改与重构，生成基本 E-R 图。

（6）逻辑结构设计。

用 E-R 图表示的概念结构是独立于任何数据库模型的信息。

逻辑结构设计就是把 E-R 图按选定的系统软件支持的数据模型（层次、网状、关系）转换成相应的逻辑模型。我们使用的是关系模型，所以转换为关系。

转换原则如下。

① 一个实体转换为一个关系，实体的属性就是关系的属性，实体的码就是关系的码。

② 一个联系也转换为一个关系，联系的属性及联系所连接的实体的码都转换为关系的属性，但是关系的码会根据联系的类型变化，如果是：

1:1 联系，两端实体的码都成为关系的候选码。

1:n 联系，n 端实体的码成为关系的码。

m:n 联系，两端实体的码组合成为关系的码。

③ 具有相同码的关系可以合并。

关系模型的优化是采用规范化理论来实现的。将概念模型转换为全局逻辑模型以后，还应当根据用户的局部需要，结合所使用的数据库管理系统软件的特点，设计用户的局部逻辑模式。

【例 2-1】　数据库的逻辑设计——根据 E-R 图转换为关系模型。

学生管理系统的数据库 E-R 图如图 2T 阅读 8 所示。根据 E-R 图的内容，完成此系统的数据库逻辑设计。

班级（<u>班级号</u>，班级名）

学生（<u>学号</u>，姓名，性别，年龄，班级号）

课程（<u>课程号</u>，课程名）

选课（<u>学号</u>，<u>课程号</u>，学期，成绩）

【例 2-2】　数据库的逻辑设计——根据 E-R 图转换为关系模型。

一个职工所参加项目的管理系统的数据库 E-R 图如图 2T 阅读 9 所示。根据 E-R 图的内容，完成此系统的数据库逻辑设计。

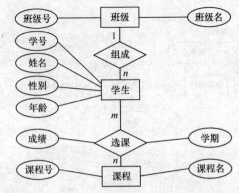

图 2T 阅读 8　学生管理系统的数据库 E-R 图

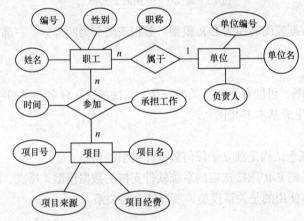

图 2T 阅读 9　一个职工所参加项目的管理系统的数据库 E-R 图

写出关系数据库的逻辑结构，主码用下划线标记。

职工（<u>编号</u>，姓名，性别，职称，单位编号）

项目（<u>项目号</u>，项目名，项目来源，项目经费）

参加（<u>编号，项目号</u>，时间，承担工作）

单位（<u>单位编号</u>，单位名，负责人）

（7）数据库的物理实现。

数据库设计的最后阶段是确定数据库在物理设备上的存储结构和存取方法，也就是设计数据库的物理数据模型。

在这里指定，具体在 Access 上实现。

2.3　习 题 解 答

一、单项选择题

1. 以下范式中，级别最高的是【 D 】。

    A．1NF　　　　　　　B．2NF　　　　　　　C．3NF　　　　　　　D．BCNF

2. 若关系 $R \in 1NF$，并且在 R 中不存在非主属性对键的传递的函数依赖，则【 C 】。

    A．$R \in 1NF$　　　　B．$R \in 2NF$　　　　C．$R \in 3NF$　　　　D．$R \in BCNF$

3. 如果一个关系 $R(U)$ 的所有属性都是不可分的原子属性，则【A】。

　　A. $R \in 1NF$　　　　B. $R \in 2NF$　　　　C. $R \in 3NF$　　　　D. $R \in BCNF$

4. 已经能够满足绝大部分的实际应用的范式是（一般要求关系分解到此即可）【C】。

　　A. 1NF　　　　　　B. 2NF　　　　　　C. 3NF　　　　　　D. BCNF

5. 在 E-R 图中，用以表示实体属性的图形符号是【B】。

　　A. 矩形框　　　　　B. 椭圆框　　　　　C. 菱形框　　　　　D. 三角形框

6. 根据给定的条件将两个关系中的所有元组一一进行比较，符合条件的元组连接组成结果关系的运算是【D】。

　　A. 投影　　　　　　B. 自然连接　　　　C. 选择　　　　　　D. 连接

7. 乘客集与飞机机票集的持有联系属于【A】。

　　A. 一对一联系　　B. 一对多联系　　C. 多对一联系　　D. 多对多联系

8. 从一个关系的候选键中唯一地挑选出的一个，称为【D】。

　　A. 外键　　　　　　B. 内键　　　　　　C. 候选键　　　　　D. 主键

9. 在 E-R 图中，用来表示实体的图形符号是【A】。

　　A. 矩形框　　　　　B. 椭圆框　　　　　C. 菱形框　　　　　D. 三角形框

10. 在 E-R 图中，用来表示联系的图形符号是【C】。

　　A. 矩形框　　　　　B. 椭圆框　　　　　C. 菱形框　　　　　D. 三角形框

11. 在给定关系中指定若干属性（列）组成一个新关系的运算是【A】。

　　A. 投影　　　　　　B. 自然连接　　　　C. 选择　　　　　　D. 连接

12. 以下为概念模型的是【D】。

　　A. 关系模型　　　　　　　　　　　B. 层次模型

　　C. 网状模型　　　　　　　　　　　D. 实体联系模型

13. 以下关于关系选择运算的说法错误的是【B】。

　　A. 关系的选择运算只有一个运算对象

　　B. 关系的选择运算可以有多个运算对象

　　C. 运算的结果和原关系具有相同的关系模式

　　D. 从一个关系中选取满足条件的元祖组成结果关系

14. 从一个关系中选取满足条件的元组组成结果关系的运算是【C】。

　　A. 投影　　　　　　B. 自然连接　　　　C. 选择　　　　　　D. 连接

15. 航班与乘客的乘载联系属于【B】。

　　A. 一对一联系　　B. 一对多联系　　C. 多对一联系　　D. 多对多联系

16. 教师与学生的师生联系属于【D】。

　　A. 一对一联系　　B. 一对多联系　　C. 多对一联系　　D. 多对多联系

17. 学生与课程的选修联系属于【D】。

　　A. 一对一联系　　B. 一对多联系　　C. 多对一联系　　D. 多对多联系

18. 在关系数据库中，通过连接字段来体现和表达关系，其子表中的连接字段称为【A】。

　　A. 外键　　　　　　B. 内键　　　　　　C. 候选键　　　　　D. 主键

19. 在关系数据库中，通过连接字段来体现和表达关系，其父表中的连接字段称为【D】。

　　A. 外键　　　　　　B. 内键　　　　　　C. 候选键　　　　　D. 主键

20. 在一个关系中，可以唯一确定每个元组的属性或属性组，称为【C】。

    A. 外键   B. 内键   C. 候选键   D. 主键

21. 以下不属于完整的关系模型包括的三要素的是【D】。

    A. 数据操作   B. 数据约束

    C. 数据结构   D. 数据运算

22. 数据完整性约束规则不包括【D】。

    A. 实体完整性   B. 参照完整性

    C. 用户定义的完整性   D. 用户使用的完整性

23. 以下关于关系选择运算的说法错误的是【B】。

    A. 关系的选择运算只有一个运算对象

    B. 运算的结果和原关系具有不同的关系模式

    C. 运算的结果和原关系具有相同的关系模式

    D. 从一个关系中选取满足条件的元组组成结果关系

24. 以下关于关系的选择运算的说法错误的是【B】。

    A. 关系的选择运算只有一个运算对象

    B. 从一个关系中选取满足条件的属性组成结果关系

    C. 运算的结果和原关系具有相同的关系模式

    D. 从一个关系中选取满足条件的元组组成结果关系

25. 以下关于关系选择运算的说法错误的是【B】。

    A. 关系的选择运算只有一个运算对象

    B. 从关系中选取若干个属性组成新的关系

    C. 运算的结果和原关系具有相同的关系模式

    D. 从一个关系中选取满足条件的元组组成结果关系

26. 在关系模型中，规定数据的存储和表示方式的是【C】。

    A. 数据操作   B. 数据约束   C. 数据结构   D. 数据运算

27. 在关系模型中，数据的运算和操作是【A】。

    A. 数据操作   B. 数据约束   C. 数据结构   D. 数据运算

28. 在关系模型中，对关系中存放的数据进行限制和约束，以保证存放数据的正确性和一致性，这种属性称为【B】。

    A. 数据操作   B. 数据约束   C. 数据结构   D. 数据运算

29. 以下不属于完整的关系模型包括的三要素的是【D】。

    A. 数据操作   B. 数据约束   C. 数据结构   D. 数据运算

30. 从一个关系的候选键中唯一地挑选出的一个，称为【D】。

    A. 外键   B. 内键   C. 候选键   D. 主键

二、填空题

1. 对关系的操作称为关系运算。

2. 完整的描述关系模型包括 3 个要素，即数据结构、数据操作和数据约束。

3. 每个属性都有一个取值范围的限定，属性的取值范围称为域（Domain）。

4. 同型实体的集合称为<u>实体集（Entity Set ）</u>。

5. <u>实体（Entity ）</u>指现实世界中任何可相互区别的事物。

6. <u>属性（Attribute ）</u>指实体某一方面的特性。

7. 关系中的一列称为关系的一个<u>属性</u>，一行称为关系的一个元组。

8. 在一个关系中，可以唯一地确定每个元组的属性或属性组，称为<u>候选键</u>。

9. 存放在一个关系中的另一个关系的主键称为<u>外键</u>。

10. 关系中的一列称为关系的一个属性，一行称为关系的一个<u>元组</u>。

三、问答题

1. 什么是关系？关系和二维表有什么异同？

【参考答案】一个关系就是一张二维表，通常将一个没有重复行、重复列的二维表看成一个关系。

一个关系就是一张二维表，但并不是任何二维表都可以称为关系，只有满足关系所具有的特点的二维表才是关系。

2. 关系有哪些基本特点？

【参考答案】关系必须规范化，规范化是指关系模型中每个关系模式都必须满足一定的要求，最基本的要求是关系必须是一张二维表，每个属性值必须是不可分割的最小数据单元，即表中不能再包含表。

在同一关系中不允许出现相同的属性名。

关系中的每一列属性都是原子属性，即属性不可再分割。

关系中的每一列属性都是同质的，即每一个元组的该属性取值都表示同类信息。

关系中的属性间没有先后顺序。

在同一关系中元组及属性的顺序可以任意，关系中元组没有先后顺序。

关系中不能有相同的元组（有些 DBMS 中对此不加限制，但如果关系指定了主键，则每个元组的主键值不允许重复，从而保证了关系的元组不相同）。

任意交换两个元组（或属性）的位置，不会改变关系模式。

3. 什么是关系模式？

【参考答案】一个关系，是由元组值组成的集合，而元组是由属性构成的。属性结构确定了一个关系的元组结构，也就是关系的框架。关系框架看上去就是表的表头。如果一个关系框架确定了，则这个关系就被确定下来了。虽然关系的元组值经常根据实际情况在变化，但其属性结构却是固定的。关系框架反映了关系的结构特征，称为关系模式（Relation Schema ），或关系模型。

4. 概念设计、逻辑设计、物理设计各有何特点？

【参考答案】概念上，概念设计即建立概念模型，从概念上把对象表示出来，如实体、属性、联系等，主要是画 E-R 图。逻辑设计主要是关系模型的建立，这一步实际上是将概念模型转化为关系模型，把实体转换为关系，即描述数据库的逻辑结构。物理设计是在具体数据库系统上的实现。

方法上，概念设计用 E-R 模型即实体-联系模型来实现。逻辑设计为一个确定的逻辑模型选择一个最适合应用要求的物理结构。物理设计选定支撑的数据库管理系统，如 Access 等。

5. 设关系 R 与 S 如表 2T4-1 和表 2T4-2 所示，写出关系运算 $R \cup S$ 的结果（结果以表格的形式给出，如表 2T4-3 所示）。

表 2T4-1　关系 R

A	B	C
1	1	C1
2	3	C2
2	2	C1

表 2T4-2　关系 S

A	B	C
2	1	C2
1	1	C1
2	3	C2
2	2	C1

表 2T4-3　R∪S

A	B	C
1	1	C1
2	3	C2
2	2	C1
2	1	C2

6. 设关系 R 与 S 如表 2T5-1 和表 2T5-2 所示，写出关系运算 R∩S 的结果（结果以表格的形式给出，如表 2T5-3 所示）。

表 2T5-1　关系 R

A	B	C
1	1	C1
2	3	C2
2	2	C1

表 2T5-2　关系 S

A	B	C
2	1	C2
1	1	C1
2	3	C2
2	2	C2

表 2T5-3　R∪S

A	B	C
1	1	C1
2	3	C2

7. 设关系 R 与 S 如表 2T6-1 和表 2T6-2 所示，写出关系运算 R-S 的结果（结果以表格的形式给出，如表 2T6-3 所示）。

表 2T6-1　关系 R

A	B	C
1	1	C1
2	3	C2
2	2	C1

表 2T6-2　关系 S

A	B	C
2	1	C2
1	1	C1
2	3	C2
1	2	C2

表 2T6-3　R-S

A	B	C
2	3	C2
2	2	C1

8. 设关系 R 与 S 如表 2T7-1 和表 2T7-2 所示，写出关系运算 R×S（笛卡儿积）的结果（结果以表格的形式给出，如表 2T7-3 所示）。

表 2T7-1　关系 R

A1	A2
1	1
2	3

表 2T7-2　关系 S

X	Y	Z
2	1	C2
1	1	C1

表 2T7-3　R×S

A1	A2	X	Y	Z
1	1	2	1	C2
1	1	1	1	C1
2	3	2	1	C2
2	3	1	1	C1

9. 已知：每个仓库可以存放多种零件，而每种零件也可在多个仓库中保存，在每个仓库中保存的零件都有库存数量。仓库的属性有仓库号（唯一）、地点和电话号码，零件的属性有零件号（唯一）、名称、规格和单价。请作：

（1）根据上述语义画出 E-R 图。

（2）将 E-R 模型转换成关系模型，要求标注关系的主键和外键。

【参考答案】（1）E-R 图为图 2T8-1。

【参考答案】（2）将 E-R 模型转换成关系模型：带下划线的为主键，零件号为外键。

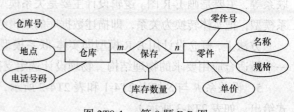

图 2T8-1　第 8 题 E-R 图

仓库（<u>仓库号</u>，地点，电话号码）

零件（<u>零件号</u>，名称，规格，单价）

保存（<u>仓库号，零件号</u>，库存数量）

10. 工厂需要采购多种材料，每种材料可由多个供应商提供。每次采购材料的单价和数量可能不同；材料的属性有材料编号（唯一）、品名和规格；供应商的属性有供应商号（唯一）、名称、地址、电话号码；采购的属性有日期、单价和数量。请作：

（1）根据上述语义画出 E-R 图。

（2）将 E-R 模型转换成关系模型，要求标注关系的主键和外键。

【参考答案】（1）E-R 图为图 2T9-1。

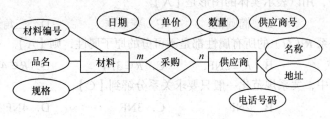

图 2T9-1　第 9 题 E-R 图

（2）带下划线的为主键，零件号为外键。

外键的概念见配套教材 2.1 节内容。

材料（<u>材料编号</u>，品名，规格）

供应商（<u>供应商号</u>，名称，地址，电话号码）

采购（<u>材料编号，供应商号</u>，日期，单价，数量）

11. 某工厂生产多种产品，每种产品又要使用多种零件；一种零件可能装在各种产品上；每种零件由一种材料制造；每种材料可用于不同零件的制作。有关产品、零件、材料的数据字段如下。

产品：产品号（GNO），产品名（GNA），产品单价（GUP）

零件：零件号（PNO），零件名（PNA），单重（UP）

材料：材料号（MNO），材料名（MNA），计量单位（CU），单价（MUP）

以上各产品需要各零件数为 GQTY，各零件需用的材料数为 PQTY。

请绘制产品、零件、材料的 E-R 图。

【参考答案】本题最后一句说各产品需要零件数为 GQTY，各零件需用材料数为 PQTY，即说明联接要属性。

图中最好用汉字，因为 E-R 图是给人看的，转变成关系模型时，可以用拼音或字母，因为这是为建库结构作准备的。结果如图 2T10-1 所示。

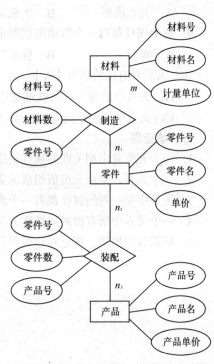

图 2T10-1　产品、零件、材料的 E-R 图

2.4　课外习题及解答

一、单项选择题

1. 关系中的一列称为关系的一个【C】。

　　A. 元组　　　　　　B. 单元　　　　　　C. 属性　　　　　　D. 集合

2. 在一个关系中，可以唯一确定每个元组的属性或属性组称为【C】。

　　A. 外键　　　　　　B. 内键　　　　　　C. 候选键　　　　　D. 索引

3. 在 E-R 图中，用以表示实体的图形是【A】。

　　A. 矩形框　　　　　B. 椭圆框　　　　　C. 菱形框　　　　　D. 三角形框

4. 如果一个关系 $R(U)$ 的所有属性都是不可分的原子属性，则【A】。

　　A. $R \in 1NF$　　　B. $R \in 2NF$　　　C. $R \in 3NF$　　　D. $R \in 4NF$

5. 在实际应用中，关系规范化一般只要求关系分解到【C】。

　　A. 1NF　　　　　　B. 2NF　　　　　　C. 3NF　　　　　　D. 4NF

6. 不属于关系数据库的数据完整性约束规则的是【B】。

　　A. 实体完整性　　　　　　　　　　B. 用户使用完整性

　　C. 参照完整性　　　　　　　　　　D. 用户定义完整性

7. 从一个关系中选取满足条件的元组组成结果关系的运算是【A】。

　　A. 选择运算　　　B. 笛卡儿积运算　　C. 投影运算　　　D. 连接运算

8. 关系数据理论的核心是【A】。

　　A. 关系模型　　　B. 关系运算　　　　C. 关系代数　　　D. 关系数论

9. 每个属性都有一个取值范围限定，属性的取值范围称为【C】。

　　A. 实体　　　　　B. 标识符　　　　　C. 域　　　　　　D. 实体集

10. 关系具有的特点有【A】。

　　A. 关系中的每一列属性都是原子属性　B. 关系中的每一列属性都是不同质的

　　C. 关系中的属性间有先后顺序　　　　D. 关系中元组有先后顺序

二、填空题

1. 一个元组是由相关联的属性值组成的一组数据。

2. 一个关系，是由元组值组成的集合。

3. 关系中每一列的属性都有一个确定的取值范围，即域。

4. 一个关系中所有键的属性称为关系的主属性。

5. 所谓数据模型，就是对客观世界的事物及事物之间联系的形式化描述。

第3章
Access 数据库

3.1 学 习 指 导

本章简要介绍关系数据库管理系统 Access 的入门知识、Access 的发展与特点、Microsoft Office Access 软件的安装，以及 Access 启动和工作界面、任务窗格、帮助等概念和操作，为后面各章深入介绍 Access 应用技术打下基础。

1. 学习目的

通过本章的学习，必须熟悉和掌握以下 4 个方面的内容。

Access 概述：发展、特点，界面与操作，工作环境定制。

Access 数据库基础：窗口介绍、数据库文件、数据库对象、数据库存储。

Access 数据库操作：数据库创建、打开与关闭，组或对象的复制与删除。

Access 数据库管理：完整性管理包括数据库备份、恢复、压缩、修复等；安全性管理包括设置与撤销数据库密码、MDE 文件及数据库的加密与解密等。

本章最后一节介绍数据库分析，当数据库在运行过程中有时候不能达到预期目标时，可以通过对数据库的分析进行最佳化的调整。Access 提供了三大分析工具，分别是"文档管理器"、"表分析向导"和"性能分析器"，辅助进行数据库的分析与调整。这些内容可以让学生自行阅读和自行上机实验。

2. 学习要求

了解 Access 的发展与特点，以及 Microsoft Office Acess 软件的安装。熟悉 Access 的启动和工作界面、任务窗格、帮助等概念和操作。

掌握 Access 数据库窗口的知识、数据库窗口的构成及操作方法。数据库窗口是操作数据库的集成界面。掌握新建数据库、打开数据库、关闭数据库等，以及能够熟练对数据库窗口进行操作。熟悉 Access 数据库的 7 种对象，后面要分章介绍这些对象。明了除数据页外，其他对象都存储在一个数据库文件中，页以网页的形式保存。了解组的概念和用法。

Access 数据库是数据库对象的容器，因此，要使用数据库对象，首先应该建立数据库。通过本章的学习，应熟练掌握数据库的创建操作。

数据库是计算机信息处理中最核心的资源，保证数据库的完整和安全具有极端重要性。本章比较详细地介绍了 Access 保证数据库完整和安全的概念及操作方法，简要介绍了数据库的分析工具。

3.2 习 题 解 答

一、单项选择题

1. Access 是新一代关系型数据库管理系统，其推出公司是【C】。

    A．IBM 公司　　　　　B．SUN 公司　　　　C．Microsoft 公司　　D．Appear 公司

2. Access 2003 是【C】。

    A．大型数据库管理系统

    B．微型计算机上的层次型数据库管理系统

    C．微型计算机上的关系型数据库管理系统

    D．微型计算机上的网络型数据库管理系统

3. Access 2003 是 Microsoft 公司推出的微型计算机上的【C】。

    A．新一代表格处理软件　　　　　　　　B．新一代办公系统

    C．新一代关系型数据库管理系统　　　　D．新一代数据处理系统

4. Access 2003 是【C】。

    A．大型数据库管理系统

    B．新一代办公系统

    C．微型计算机上的关系型数据库管理系统

    D．新一代数据处理系统

5. 在使用 Access 时，如果要退出系统，以下操作中正确的是【C】。

    A．在命令窗口中输入命令 CLEAR　　　B．选择"文件"→"关闭"命令

    C．选择"文件"→"退出"命令　　　　　D．在"命令"窗口中输入命令 CANCEL

二、填空题

1. Access 2003 在数据库存储时，可以选择不同的格式。存储格式可设置为"Access 2000"或"Access 2002—2003"。

2. Access 是以数据库为核心的软件，表是 Access 数据库的核心和基础。

3. Access 数据库由 7 个对象组成。这 7 个对象是表、查询、窗体、报表、页、宏、模块。除页外，其他 6 个对象都保存在数据库文件".mdb"中。

4. 表（Table）对象是数据库中最基本和最重要的对象，是其他对象的基础。

5. 掌握规范化理论对于表的设计是极为重要的。

6. "文件搜索"属于"文件"菜单中的功能，用来搜索指定的文件。

7. 启动 Access，新建或打开一个数据库，就会进入数据库窗口。

三、问答题

1. Access 是什么套装软件中的一部分？其主要功能是什么？

【参考答案】Access 是 Microsoft 公司 Office 办公套件中重要的组成部分，是目前最流行的桌面小型关系数据库管理系统。

2. 如何启动和退出 Access？

【参考答案】Access 的启动和退出与其他 Windows 应用程序类似。以下方法都可以启动 Access。

（1）通过"开始"菜单。选择"开始"→"所有程序"→"MS Office"→"MS Office Access

2003"命令。

（2）通过桌面的 Access 快捷图标。如果桌面创建有 Access 快捷图标，双击桌面快捷图标。

（3）通过双击与 Access 关联的数据库文件（.mdb 文件）。在"我的电脑"中找到 Access 数据库文件，双击，将自动启动 Access 并进入工作环境。

（4）通过双击 Access 的系统程序文件。在"我的电脑"中找到 Access 系统程序所在的文件夹，双击 Access 系统程序。

以下方法都可以退出 Access。

（1）选择 Access 主窗口标题栏左端控制菜单（ ▣ 图标）中的"关闭"命令。

（2）单击窗口右端的 ▨ 按钮。

（3）选择"文件"→"退出"命令。

（4）按 Alt+F4 组合键。

3. Access 的任务窗格有什么主要功能？

【参考答案】Access 任务窗格的主要功能有"开始工作"、"帮助"、"文件搜索"、"搜索结果"，以及"新建文件"、"对象相关性"等。

4. 简述新建一个数据库的方法。

【参考答案】进入 Access 工作界面后，选择"文件"→"新建"命令或单击数据库工具栏的 ▢（新建）按钮，启动"新建文件"任务窗格。选择任务窗格中的"空数据库"选项，打开"文件新建数据库"对话框，在"保存位置"列表中找到事先定义好的文件路径（如"E:\教材管理系统"），输入文件名（如"教材管理"），然后单击"创建"按钮，将创建一个新的数据库，叫教材管理数据库，在指定的路径（如"E:\教材管理系统"）将建立教材管理.mdb 文件。

5. 如何设置文件默认路径？

【参考答案】进入数据库窗口后，选择"工具"→"选项"命令，在弹出的"选项"对话框中选择"常规"选项卡，在"默认数据库文件夹"文本框中输入要作为 Access 默认文件夹的路径，然后单击"应用"或者"确定"按钮。

6. Access 数据库有几种数据库对象？每种对象的基本作用是什么？

【参考答案】Access 数据库由 7 个对象组成。这 7 个对象是表、查询、窗体、报表、页、宏、模块。

表的作用是对数据库中相关联的数据进行组织、表示，表是实现数据组织、存储和管理的对象，是数据库中数据存储的逻辑单位。

查询是建立在表（或其他查询）之上的、对数据进行运算或处理后的数据视图。

窗体是实现对数据的格式化处理的界面。

报表对象用来实现数据的格式化打印输出功能。在报表对象中，也可以实现对数据的运算统计处理。

页提供符合浏览器页面格式的方式对数据进行输入或输出。

宏是一系列操作的组合，用来将一些经常性的操作作为一个整体来执行。

模块是利用 VBA（VB Application）语言编写的，以实现某一特定功能的程序段。

7. Access 数据库如何存储？

【参考答案】不考虑页的存储时，Access 数据库只有一个数据库文件，其扩展名是".mdb"。这种存储模式提高了数据库的易用性和安全性，用户在建立和使用各种对象时无需考虑对象的存储位置和格式。

8. 什么是组？组的主要作用是什么？如何定义组？

【参考答案】组（Group）是组织管理数据库对象的一种方式。一般情况下，不同的对象放在各自的对象标签下。在实际应用时，往往针对一个应用需要使用多种对象，如表、查询、窗体等，如果定义一个组将一个应用相关的这些对象组合在一起，则管理和应用起来就很方便。此外，还可以将最常使用的窗体和报表创建一个组，这样当单击该组的图标时，这些窗体和报表就会显示在"对象列表"窗口中。

定义组的方法：在数据库窗口界面中，选择"编辑"→"组"→"新组"命令，或者右击"对象"标签栏，然后选择"新组"命令，弹出"新建组"对话框。在"新组名称"文本框输入组的名称，就会在数据库窗口中创建一个组，显示在"对象"标签栏的下部。

9．规划数据库包括哪些内容？

【参考答案】规划数据库包括以下内容。

（1）确定数据库文件名，以及数据库文件存放的位置，即磁盘和文件夹。

（2）给每个表命名，同时确定表中每个字段的字段名、类型、宽度，即设计表的结构，指明表的主键、字段约束。

（3）指定外键，明确各表之间的关系。

10．为什么要进行数据库备份？简述备份 Access 数据库的几种方法及其主要操作过程。

【参考答案】进行备份是对数据库中数据的完整性保护。备份即将数据库文件在另外一个地方保存一份副本。当数据库由于故障或人为原因被破坏后，将副本恢复即可。由于一般事务数据库的数据经常在变化，如银行储户管理数据库，每天都有很大的变化，所以，数据库备份不是一次性的而是经常的和长期的。

对于大型数据库系统，应该有很完善的备份恢复策略和机制。Access 数据库一般是中小型数据库，因此备份和恢复比较简单。

最简单的方法是利用操作系统（Windows）的文件拷贝功能。用户可以在数据库修改后，立即将数据库文件拷贝到另外一个地方存储。若当前数据库被破坏，再通过拷贝将备份文件恢复即可。

Access 本身也提供了备份和恢复数据库的方法：在数据库窗口中关闭其他数据库对象。选择"文件"→"备份数据库"命令，弹出"备份"对话框。在"保存位置"下拉列表中找到事先定义好的备份数据库的文件夹。一般这个位置不应与当前数据库文件在同一个磁盘上。注意，备份文件自动命名时，在原数据库文件名上加上日期。如果同一日期有多次备份，则自动命名会再加上序号。用户可以自己命名备份文件，如果与以前的文件重名，则将会覆盖以前的文件。

当需要使用备份的数据库文件恢复还原数据库时，将备份副本拷贝到数据库文件夹。如果需要改名，重新命名文件即可。

如果用户只需要备份数据库中的特定对象，如表、报表等，可以在备份文件夹下先创建一个空的数据库，然后通过导入/导出功能将需要备份的对象导入备份数据库即可。

11．Access 数据库的压缩修复功能的含义是什么？简述其基本操作方法。

【参考答案】随着数据库的不断操作，数据和数据库对象的不断增加和删除，Access 的数据库文件可能被保存在磁盘的不同区间，形成"碎片"。Windows 系统有碎片整理工具，Access 也提供了"压缩数据库"工具来实现相应功能。

"压缩/修复数据库"操作的步骤如下。

① 首先关闭要处理的数据库，但不能退出 Access。

② 选择"工具"→"数据库实用工具"→"压缩和修复数据库"命令。

③ 在弹出的对话框中选中数据库文件，单击"压缩"按钮，弹出"将数据库压缩为"对话框，

要求用户输入压缩后保存的新文件名。单击"保存"按钮，压缩后的数据库就单独、完整地保存在磁盘上。如果用户使用原数据库库名，则原来的数据库文件将被替换。

在操作过程中可通过按下 Ctrl+Break 或 Esc 键来中止压缩和修复过程。

另外，Access 还提供了在每次关闭 Access 数据库文件时自动对其进行"压缩和修复"的功能。设置操作是，打开想要自动压缩的 Access 数据库，选择"工具"→"选项"命令，弹出"选项"对话框。在"常规"选项卡上选中"关闭时压缩"复选框，然后确定即可。

12. 设置 Access 数据库密码的用途是什么？怎样为 Access 数据库设置密码？

【参考答案】通过为数据库设置密码，保证只有知道密码的用户才可以打开。

为数据库设置密码的操作如下。

（1）在 Access 中以独占的方式打开数据库。单击工具栏的"打开"按钮，弹出"打开"对话框，确定文件的位置并选中文件，单击"以独占方式打开"按钮。

（2）选择"工具"→"安全"→"设置数据库密码"命令，弹出"设置数据库密码"对话框，在"密码"文本框中输入密码，然后在"验证"文本框中重复输入相同的密码，然后单击"确定"按钮。这样就为当前数据库设置了密码。

13. MDE 文件的作用是什么？如何生成？

【参考答案】MDE 文件是 Access 提供的对.mdb 数据库文件一种转换的存储格式。采用 MDE 文件存储 Access 数据库，将删除所有可编辑的源代码并且压缩原来的数据库，MDE 数据库文件占用的存储空间较少，从而优化内存使用。

将.mdb 数据库文件转换为 MDE 文件的操作步骤如下。

① 打开数据库的.mdb 文件，如果该数据库是 Access 2000 格式，必须选择"工具"→"数据库实用工具"→"转换数据库"命令来转换文件格式。

② 选择"工具"→"数据库实用工具"→"生成 MDE 文件"命令，弹出"将 MDE 保存为"对话框，用户在该对话框中选择要生成的 MDE 文件的保存路径，并给文件命名，单击"保存"按钮。

这样就生成了 MDE 文件。可以发现，原来的.mdb 文件已经进行了压缩。

将数据库的.mdb 文件删除或移走，在 Access 中打开和使用 MDE 文件，可以看到上述保护功能开始发挥作用。

14. Access 有哪几种性能分析工具？它们的主要作用是什么？

【参考答案】Access 提供了三大分析工具，分别是文档管理器、表分析向导和性能分析器。

文档管理器用来对数据库及数据库对象等进行管理，分析对象的设计及定义，并能够生成详细的文档，供用户分析。这是一个比较有用的工具。

表分析向导是针对数据库设计中表设计的合理性进行分析并提出意见的工具，它会根据分析的结果采用拆分的方法将一个表分解为多个表来降低表的重复度。因此，掌握规范化理论对于表的设计是极为重要的。

性能分析器提供对当前数据库及其对象的分析及优化性能的建议，供用户参考。

3.3　实 验 解 答

实验题：在机器上完成以下关于本章的综合实验操作。

请在 D：盘"教材系统"文件夹下建立教材管理数据库（教材管理.mdb），存储格式为 Access

2000，再以 Access 2002-2003 格式保存为教材管理 1.mdb。然后，把教材管理 1.mdb 文件设置密码 YM9481h，试用密码打开，然后撤销密码并送入"高校教材"组。接着，为教材管理 1.mdb 建立 MDE 文件，名为教材管理 1MDE 存盘。最后，对教材管理 1.mdb 进行加密和解密操作。

【实验步骤参考】

在 D：盘上建立"教材系统"文件夹。

（1）建立存储格式为 Access 2000 的教材管理.mdb。

启动 Access，进入 Access 工作界面后，选择"文件"→"新建"命令或单击数据库工具栏中的 □（新建）按钮，启动"新建文件"任务窗格。选择任务窗格中的"空数据库"选项，出现"文件新建数据库"对话框，在"保存位置"下拉列表中找到事先定义好的文件路径"D:\教材系统"，使用默认文件名 db1 建立 db1.mdb，如图 3T-1 所示。如果 db1.mdb 不是 Access 2000 存储格式，就选择"工具"→"选项"命令打开"选项"对话框，如图 3T-2 所示。在此对话框中的"高级"选项卡上的"默认文件格式"，可设置为"Access 2000"，如图 3T-3 所示。再依以上方法在"D:\教材系统"文件夹中建立教材管理.mdb，其存储格式为 Access 2000，如图 3T-4 所示。

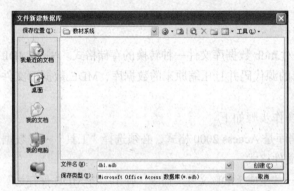

图 3T-1　在"教材系统"中建立 db1.mdb

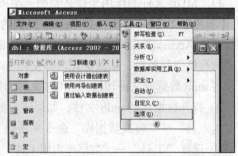

图 3T-2　打开"选项"对话框

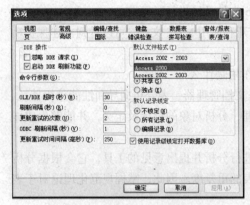

图 3T-3　设置 Access 2000 格式

图 3T-4　创建 Access 2000 格式的教材管理.mdb

现在，"D：/教材系统"中有文件 db1.mdb、教材管理.mdb（Access 2000 格式）。

（2）再以 Access 2002—2003 格式保存文件为教材管理 1.mdb。

在"D：/教材系统"中复制教材管理.mdb（Access 2000 格式）为教材管理 1.mdb，打开教材管理 1.mdb，选择"工具"→"数据库实用工具"→"转换数据库"命令来转换当前文件"教材管理 1.mdb"的文件格式为 Access 2002—2003，如图 3T-5 所示。

现在，在"D：/教材系统"中有 3 个文件，即 db1.mdb（Access 2002—2003 格式）、教材管

理.md b（Access 2000 格式）、教材管理 1.mdb（Access 2002—2003 格式），如图 3T-6 所示。

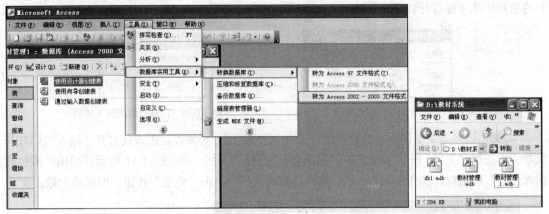

图 3T-5　转换当前文件的存储格式　　　　　　　　　　图 3T-6　现有 3 个文件

（3）把教材管理 1.mdb 文件设置密码 YM9481h 并送入"高校教材"组。

① 在 Access 中以独占的方式打开数据库文件教材管理 1.mdb。单击工具栏的"打开"按钮，弹出"打开"对话框（见图 3T-7），确定文件位置并选中文件，单击"以独占方式打开"按钮（设置密码的要求）。

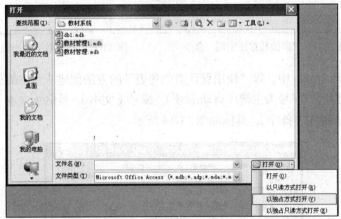

图 3T-7　以独占的方式打开教材管理 1.mdb

② 选择"工具"→"安全"→"设置数据库密码"命令，弹出"设置数据库密码"对话框，如图 3T-8 所示。在"密码"文本框中输入密码 YM9481h，然后在"验证"文本框中重复输入相同的密码，然后单击"确定"按钮，如图 3T-9 所示。这样就为当前数据库"教材管理 1.mdb"设置了密码。

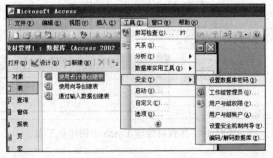

图 3T-8　设置数据库密码

③ 定义了密码的教材管理 1.mdb 在打开时，首先要求在图 3T-10 所示的对话框中输入密码。只有密码正确才能打开数据库文件。

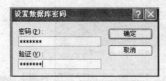

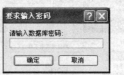

图 3T-9　输入密码　　　　　　　　　　　　　图 3T-10　打开时要求输入密码

④ 撤销已经定义了密码的教材管理 1.mdb 中的密码，必须以独占方式打开，输入密码打开成功后，选择"工具"→"安全"→"撤销数据库密码"命令，如图 3T-11 所示，弹出"撤销数据库密码"对话框，如图 3T-12 所示。输入正确的密码，单击"确定"按钮，即撤销生效。

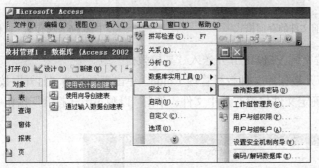

图 3T-11　"撤销数据库密码"命令　　　　　图 3T-12　撤销数据库密码先要输入正确的密码

（4）在教材管理 1.mdb 中，以"使用设计器创建表"的方法创建一个"员工表"，如图 3T-13 所示，字段名和类型为：序号为主键（自动编号）、编号（文本）、姓名（文本）、性别（文本）、生日（日期/时间）、备注（备注），具体如图 3T-14 所示。

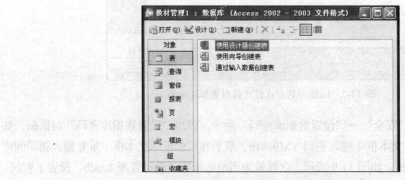

图 3T-13　使用设计器创建表

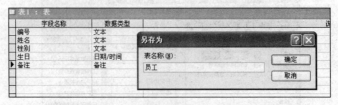

图 3T-14　在教材管理 1.mdb 中创建员工表

（5）在"教材管理 1.mdb"中新建"高校教材"组，并把教材管理 1.mdb 中的员工表送入"高校教材"组。

打开教材管理 1.mdb,选择"编辑"→"组"→"新组"命令,如图 3T-15 所示(或者在"对象标签栏"中右击,然后选择"新组"命令),弹出图 3T-16 所示的"新建组"对话框。在"新组名称"文本框输入组的名称"高校教材",就会在数据库窗口中创建一个组,显示在对象标签栏的下部,图 3T-17 的左下角有"高校…"组图标。

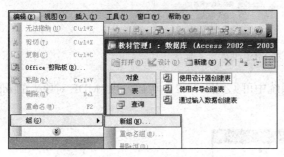

图 3T-15　新建组

图 3T-16　新建"高校教材"组

创建组的目的是将其他对象的快捷方式组织起来,在该组中表达。

将其他对象放入组的操作方法如下。进入要加入组的对象的界面中。例如,要将"员工"表加入"高校教材"组,在对象标签栏中选择"表"对象,然后,右击"员工"表,在出现的图 3T-17 所示的快捷菜单选择"添加到组"→"高校教材"命令,这样员工表的快捷方式就加入"高校教材"组中。选中"高校教材"组,就可以看到"员工"快捷方式,如图 3T-18 所示。

图 3T-17　添加到组

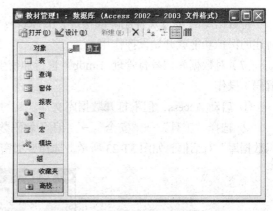

图 3T-18　组中有员工表快捷方式

(6)为教材管理 1.mdb 数据库文件建立(转换为)MDE 文件的操作步骤如下。

① 打开教材管理 1.mdb 文件,该数据库文件必须是 Access 2000—2003 格式,否则就要选择"工具"→"数据库实用工具"→"转换数据库"命令来转换文件格式。

② 选择"工具"→"数据库实用工具"→"生成 MDE 文件"命令,如图 3T-19 所示。弹出"将 MDE 保存为"对话框,在该对话框中选择要生成的 MDE 文件的保存路径"D:\教材系统",并给文件命名为"教材管理 1MDE",单击"保存"按钮,如图 3T-20 所示。

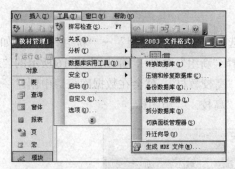

图 3T-19 "生成 MDE 文件"子命令

这样，就生成了 MDE 文件，在 D:\教材系统中可见到图 3T-21。可以发现，MDE 对原来的.mdb
文件已经进行了压缩。

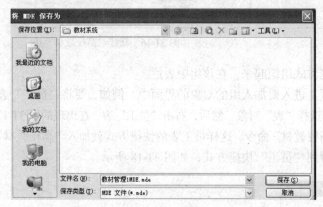

图 3T-20 生成 MDE 文件

图 3T-21 D:\教材系统中的文件

将数据库的.mdb 文件删除或移走，在 Access 中打开和使用 MDE 文件，可以看到教材第 3 章
所述的保护功能就开始发挥作用。

（7）对数据库"教材管理 1.mdb"进行加密生成教材管理加密.mdb，然后进行解密（编码与
解码）操作。

① 启动 Access，但不打开数据库文件。

② 选择"工具"→"安全"→"编码/解码数据库"命令，如图 3T-22 所示，弹出"编码/解
码数据库"对话框，如图 3T-23 所示。选择要加密的文件"教材管理 1.mdb"，单击"确定"按钮。

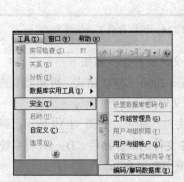

图 3T-22 "编码/解码数据库"子命令

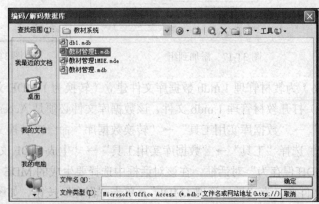

图 3T-23 选择要加密的文件

③ 弹出"数据库编码后另存为"对话框，如图 3T-24 所示。用户可以选择文件路径和对加密后的文件命名保存。如果用户使用原文件名，加密后的文件将覆盖原文件。若不同名，则在加密产生新文件的同时对原文件进行压缩。

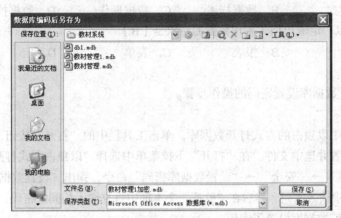

图 3T-24 "数据库编码后另存为"对话框

加密后的文件可以像其他数据库文件一样使用。

如果用户按照上述第①、②步操作后选中的是已加密（编码）文件，如"教材管理 1 加密.mdn"，则 Access 将执行解密（解码）动作，会弹出"数据库解码后另存为"对话框询问用户保存解码数据库的信息，然后执行解密（解码）操作，如图 3T-25 所示。

在"D：\教材系统"下所生成的文件如图 3T-26 所示。

图 3T-25 Access 执行解密（解码）操作

图 3T-26 本综合实验所生成的文件

3.4 课外习题及解答

一、单项选择题

1. Access 数据库文件的扩展名是【C】。

　　A．db　　　　　　　　B．bdc　　　　　　　　C．mdb　　　　　　　　D．dbf

2. 不属于 Access 数据库对象的是【B】。

　　A．表　　　　　　　　B．表单　　　　　　　　C．报表　　　　　　　　D．窗体

3. 数据库中最基本和最重要的对象是【A】。

　　A. 表　　　　　　B. 宏　　　　　　C. 报表　　　　　　D. 页

4. 不属于 SQL 的基本功能的是【B】。

　　A. 数据定义　　　B. 数据描述　　　C. 数据操作　　　　D. 数据控制

5. Access 中以一定输出格式表现数据的对象是【B】。

　　A. 窗体　　　　　B. 报表　　　　　C. 表单　　　　　　D. 宏

二、操作题

写出为 Access 数据库设置密码的操作步骤。

【参考答案】

①　在 Access 中以独占的方式打开数据库。单击工具栏中的"打开"按钮，弹出"打开"对话框，确定文件位置并选中文件，在"打开"下拉菜单中选择"以独占方式打开"。

②　选择"工具"→"安全"→"设置数据库密码"命令，弹出"设置数据库密码"对话框。在"密码"文本框中输入密码，然后在"验证"文本框中重复输入相同的密码，然后单击"确定"按钮。这样就为当前数据库设置了密码。

第4章
表对象

4.1 学 习 指 导

第 3 章介绍过 Access 数据库由 7 个对象组成。这 7 个对象是表、查询、窗体、报表、页、宏、模块。除页外，其他 6 个对象都保存在数据库文件.mdb 中。

1. 学习目的

从本章开始，将逐一介绍 Access 数据库的 7 个对象的意义和用法。

首先介绍数据库中 7 个对象里最基本和最重要的对象——表（Table）对象，表对象是其他对象的基础。因为数据库中的所有数据，都是以表为单位进行组织管理的，所以数据库实质上是由若干个相关联的表组成。表也是查询、窗体、报表、页等对象的数据源，其他对象都是围绕着表对象来实现相应的数据处理功能的，因此，表是 Access 数据库的核心和基础，我们必须首先学习和掌握它。

Access 是基于关系数据模型的，表就对应于关系模型中的关系。

2. 学习要求

通过本章的学习，我们要掌握 Access 表的知识，与表有关的处理操作包括：表的结构及数据类型；表的创建及创建方法，字段及字段说明、字段属性；索引，表之间的关系；记录操作，输入数据记录、修改、删除，查找与替换，排序与筛选。

表的创建中重点知识是"表设计"视图的方法，表中字段及字段属性的含义与应用。还有表向导、数据表视图、导入表、链接表等方法创建表的过程，以及关系的概念与应用。

要注意数据库数据完整性的实施方法。对于建立后的表，以"数据表"视图为核心，对表的数据记录的输入和维护、表结构的修改及对表中数据的其他各种操作，都要进行实验。

4.2 习 题 解 答

一、填空题

1. 文本型的长度以字节为单位，最多 <u>255</u> 字节。

2. 当需要使用文本值常量时，必须用 ASCII 的<u>单引号</u>或<u>双引号</u>括起来。单引号或双引号称为字符串定界符，必须成对出现。

3. 日期、时间或日期时间的常量表示要用"#"作为标识符。

4. 是/否型可以取的值有 true 与 false、on 与 off、yes 与 no 等。这几组值在存储时实际上都只存一位。True、on、yes 存储的值是–1，false、off 与 no 存储的值为 0。

5. 要将某个 Microsoft Word 文档整个存储，就要使用 OLE 对象型。

6. 字段属性中的格式是定义数据的显示格式和打印格式。

7. 字段属性中的输入掩码是定义数据的输入格式。

8. 字段属性中的小数位数是定义数字型和货币型数值的小数位数。

9. 字段属性中的智能标识对是否型和 OLE 对象无效。

10. 字段属性中的新值只用于自动编号型。

11. 主键实现了数据库中数据实体完整性的功能，同时是参照完整性中被参照的对象。

12. 在 Access 中，定义一个主键，同时也是在主键字段上自动建立了一个"无重复"索引。

13. 由于数据库最主要的操作是查询，因此，索引对于提高数据库操作速度是非常重要和不可缺少的手段。

14. 若要在两个表之间建立一对一的关系，父表和子表发生关联的字段都必须是主键或无重复索引字段。

15. 若要在两个表之间建立一对多的关系，父表必须对关联字段建立主键或无重复索引。

16. 关系表之间的关联字段，可以不同名，但必须在数据类型和字段属性设置上相同。

17. 表中的一行称为一条记录（Record），对应关系中的一个元组。

18. 表中的一列称为一个字段（Field），对应关系中的一个属性。

二、名词解释

1. 表的主键（Primary Key）。

【参考答案】一般来说，表的每个记录都是独一无二的，也就是说记录不重复。为此，表中要指定用来区分各记录的标识，称为表的主键。

2. 外键（Foreign Key）。

【参考答案】一个表的字段在另外一个表中是主键，作为将两个表关联起来的字段，称为外键。

3. 是/否型。

【参考答案】即逻辑型。用于表达具有真或假的逻辑值，或者是相对两个值。

4. OLE 对象型。

【参考答案】用于存放多媒体信息，如图片、声音、文档等。例如，要存储员工的照片就要使用 OLE 对象。

三、问答题

1. 简述 Access 数据库中表的基本结构。

【参考答案】

（1）表名。一个数据库内可有若干个表，每个表都有唯一的名字，即表名，如出版社、教材等。

（2）数据类型、记录和字段。Access 的表是满足一定要求的由行和列组成的二维表，表中的行称为记录（Record），列称为字段（Field）。表中所有的记录都具有相同的字段结构，表中的每一列字段都具有唯一的取值集合，也就是数据类型。

（3）主键。一般来说，表的每个记录都是独一无二的，也就是说记录不重复。为此，表中要指定用来区分各记录的标识，称为表的主键（Primary Key）或主码。主键是一个字段或者多个字段的组合，一个表主键的取值是绝不重复的。如教材表的主键是"教材编号"，员工表的主键是"工号"。同时，定义了主键的关系中，不允许任何元组的主键属性值为空值（NULL）。

（4）外键。一个数据库中多个表之间通常是有关系的。一个表的字段在另外一个表中是主键，作为将两个表关联起来的字段，称为外键（Foreign Key）。外键与主键之间必须满足参照完整性的要求。如教材表中，"出版社编号"就是外键，对应出版社表的主键。

2．数据类型作用有哪些？试举几种常用的数据类型及其常量表示。

【参考答案】一个 DBMS 的数据类型的多少是该 DBMS 功能强弱的重要指标，不同的 DBMS 在数据类型的规定上各有不同。

数据类型规定了每一类数据的取值范围、表达方式和运算种类。每个在数据库中使用的数据都应该有明确的数据类型。因此，定义表时每个字段都要指出它的类型。

有一些数据，比如员工表中的"工号"，可以归属到不同的类型中，既可以指定其为"文本型"，也可以指定为"数字型"，因为它是全数字编号。这样的数据到底应该指定为哪种类型，就要根据它自身的用途和特点来确定。

例如，文本型数据类型是字符串，其常量表示为"张三"或'张三'；日期时间型是年月日时分秒或年月日或时分秒，其常量表示为#2012-2-8 20：8#。

3．Access 数据库中有哪几种创建表的方法？简述各种建表方法的特点。

【参考答案】Access 对于表的创建提供了 5 种可视化的方法。分别是数据表视图创建、设计视图创建、表向导创建、导入表创建、链接表创建。

使用设计视图创建表是表的最主要创建的方法之一。这种方法在实际操作前，用户应该完成整个数据库的物理结构设计。

使用表向导创建表的过程比较简单和固定，按照这种方式建立的表不一定合乎用户的要求，一般是根据表向导建立表之后，再依实际需要进行修改和调整。

使用数据表视图创建表。上述两种创建表的方式都是先建立表的结构，然后输入数据记录。Access 还提供了另外一种方式，由于表是行列二维结构，因此，根据输入二维表的数据来创建表，这就是"数据表"视图创建表方法。所谓"数据表"视图，是指以行列格式显示来自表或查询的数据的窗口。在"数据表"视图中，可以编辑字段、添加和删除数据，以及搜索数据。

使用导入表创建表。在计算机上，以二维表格形式保存数据的软件很多，其他的数据库系统、电子表格等，这些二维表都可以转换成为 Access 数据库中的表。Access 提供"导入表"方式创建表的功能，从而可以充分利用其他系统产生的数据。

使用链接表创建表。"链接表"是 Access 提供的另外一种利用已有数据创建表的方法。

使用链接表创建表与导入表方式不同之处在于，这种方式创建的表与源表之间保持紧密联系，源表的任何更新都及时反应在创建表中。事实上，"链接表"方式创建的 Access 表并不保存表的数据记录。当数据库中打开表时，Access 就会建立与源表的链接通道，获取源表的当前数据。所以"链接表"方式能够反映源表的任何变化。如果源表被删除或移走，则链接表也无法使用。

4．何谓 Access 保留字？举例说明。

【参考答案】所谓 Access 保留字，就是 Access 自己保留使用的词汇，这些词汇不向用户开放，它们有它们特殊的意义，如 OLE 是数据类型，NOT 是逻辑运算符，LIKE 是特殊运算符，Date 是日期函数等。

5．自动编号字段有哪些类型的编号方式？

【参考答案】自动编号字段可以有以下 3 种类型的编号方式。

（1）每次增加固定值的顺序编号。最常见的"自动编号"方式为每次增加1，生成顺序号。

（2）随机自动编号。将生成随机编号，且该编号对表中的每一条记录都是唯一的。

（3）同步复制ID（也称作GUIDs，全局唯一标识符）。这种自动编号方式一般用于数据库的同步复制，可以为同步副本生成唯一的标识符。所谓数据库同步复制，是指建立Access数据库的两个或更多特殊副本的过程。副本可以同步化，即一个副本中数据的更改，均被送到其他副本中。

6. 如果将Access保留字作为对象名使用，将会产生什么后果？

【参考答案】若将保留字作为对象名，一方面，会造成意义表述的混淆，另一方面，有时候会发生系统处理的错误。例如，词汇"name"是控件的一个属性名，如果有对象也命名为"name"，那么在引用时就可能出现系统理解错误，而达不到预期的结果。

7. Access对于表名、字段名和控件名等对象的命名制定了相应的命名规则。请简述命名规则。

【参考答案】名称长度最多不超过64个字符，名称中可以包含字母、汉字、数字、空格及特殊的字符（除句号（.）、感叹号（!）、重音符号（`）和方括号（[ ]）之外）的任意组合，但不能包含控制字符（ASCII值为0～31的32个控制符）。首字符不能以空格开头。

8. Access命名的基本原则要求是什么？

【参考答案】Access命名的基本原则要求是：以字母或汉字开头，由字母、汉字、数字以及下划线等少数几个特殊符号组成，不超过一定的长度。

9. 简述主键的作用和特点。

【参考答案】主键有以下几个作用和特点。

（1）唯一标识每条记录，因此作为主键的字段不允许有重复值和取NULL值。

（2）建立与其他表的关系必须定义主键，主键对应关系表的外键，两者必须一致。

（3）定义主键将自动建立一个索引，可以提高表的处理速度。

10. 如何定义单个或多个字段的主键？

【参考答案】基本步骤是在"表设计视图"中，先选择字段，然后单击主键按钮或者选择"编辑"→"主键"命令。

当建立主键的是多个字段（多个字段的组合）时，操作步骤是：按住Ctrl键，依次单击要建立主键的字段选择器（最左边一列），选中所有主键字段，然后单击按钮或者选择"编辑"→"主键"命令。

这样，Access即在表中根据指定的字段建立了主键。其标志是在主键的字段选择器上显示有一把钥匙。

11. 给字段定义索引有哪些作用？

【参考答案】"索引"是一个字段属性。给字段定义索引有如下两个基本作用。

第一是利用索引可以实现一些特定的功能，如主键就是一个索引。

第二是建立索引可以明显提高查询效率，更快地处理数据。

12. 为什么说索引会降低数据更新操作的性能？

【参考答案】索引会降低数据更新操作的性能，因为修改记录时，如果修改的数据涉及索引字段，Access会自动同时修改索引，这样就增加了额外的处理时间，所以对于更新操作多的字段，要避免建立索引。

13. 如何兼容单字段和多字段索引？

【参考答案】

（1）建立单字段索引的步骤如下。进入该表的设计视图，选中要建索引的字段，在"字段属性"的"索引"栏下选择"有（有重复）"或者"无（无重复）"即可。"有重复"索引字段允许重复取值。"无重复"索引字段的值都是唯一的，如果在建立索引时已有记录，但不同记录的该字段数据有重复，则不可再建立"无重复"索引，除非先删掉重复的数据。

（2）建立多字段索引。进入表的设计视图，然后单击"表设计"工具栏上的"索引 ▓"按钮或选择"视图"→"索引"命令，弹出"索引"对话框。将光标定位到"索引"窗口的"索引名称"列第一个空白栏中，输入多字段索引的名称，然后在同一行的"字段名称"列的组合框中选择第 1 索引字段，在"排序次序"列中选择"升序"或"降序"；在紧接下面的行中，分别在"字段名称"列和"排序次序"列中选择第 2 索引字段和次序、第 3 索引字段和次序……直到字段设置完毕。最后设置索引的有关属性。

14．如何删除主键？

【参考答案】删除主键的操作方法如下。

在表设计视图中选中主键字段，多字段按住 Ctrl 键依次选中，然后单击"表设计"工具栏的 ▓按钮或者选择"编辑"→"主键"命令，即取消主键的定义。

要特别注意：如果主键被其他建立了关系的表作为外键来联系，则无法删除，除非取消这种联系。

15．如何删除索引？

【参考答案】删除索引的操作方法如下。

删除单字段索引直接在表设计视图中进行。选中建立了索引的字段，然后在"字段属性"的索引栏中选择"无"，然后保存，索引即被删除。

删除多字段索引，首先进入"索引"对话框，按住 Shift 键依次单击选中索引行，再右击，选择"删除行"命令。或者在选中字段后直接按 Delete 键，也可以删除。关闭对话框，保存，索引就被删除了。

16．建立表时，如何定义默认值？使用默认值有何作用？

【参考答案】除了"自动编号"和"OLE 对象"类型以外，其他类型的字段都可以在定义表时定义一个默认值。默认值是与字段的数据类型相匹配的任何值。如果用户不定义，有些类型自动有一个默认值，如"数字"和"货币"型字段"默认值"属性设置为 0，"文本"和"备注"型字段设置为 Null（空）。

使用默认值的作用，第一，提高输入数据的速度。当某个字段的取值经常出现同一个值时，就可以将这个值定义为默认值，那么在输入新的记录时就可以省去输入，它会自动加入记录；第二，用于减少操作的错误，提高数据的完整性与正确性。当有些字段不允许无值时，默认值就可以帮助用户减少错误。

4.3　实　验　解　答

以下为本章的综合实验，请在机器上完成以下操作。

（1）在"D：\教学"下建立数据库教学管理.mdb，如图 4T 实验 1 所示。然后建立成绩、课程、学生、学院和专业 5 张表，如图 4T 实验 2 所示。表的结构见表 4T 实验 1～表 4T 实验 5。

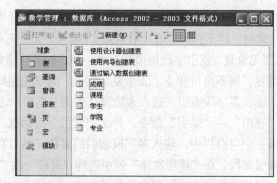

图 4T 实验 1 "D: \教学"下建立教学管理.mdb　　图 4T 实验 2 教学管理.mdb 有 5 张表

表 4T 实验 1　　　　　　　　　　　　　　成绩表

键	字段名	类型	宽度	说明
	学号	文本	8	
	课程号	文本	8	
	成绩	数字		单精度型，小数位 1，有效性规则>=0 and <=100

表 4T 实验 2　　　　　　　　　　　　　　课程表

键	字段名	类型	宽度	说明
主键	课程号	文本	8	建无重复索引
	课程名	文本	24	
	学分	数字	字节	小数位自动
	学院号	文本	2	

表 4T 实验 3　　　　　　　　　　　　　　学生表

键	字段名	类型	宽度	说明
主键	学号	文本	8	建无重复索引
	姓名	文本	8	
	性别	文本	2	= '男' or = '女'
	生日	日期/时间		
	民族	文本	2	255
	籍贯	文本		255
	专业号	文本		4
	简历	备注		非必填字段
	登记照	OLE 对象		非必填字段

表 4T 实验 4　　　　　　　　　　　　　　学院表

键	字段名	类型	宽度	说明
主键	学院号	文本	2	建无重复索引
	学院名	文本	16	
	院长	文本	8	

键	字段名	类型	宽度	说明
主键	专业号	文本	4	建无重复索引
	专业	文本	16	
	专业类别	文本	8	建有重复索引
	学院号	文本	2	

表4T实验5　　　　　　　　专业表

（2）对每张表录入至少 10 条以上的不同记录，内容自拟。然后建立关系，如图 4T 实验 3 所示（注意对每张表进行主键指定和建立索引）。

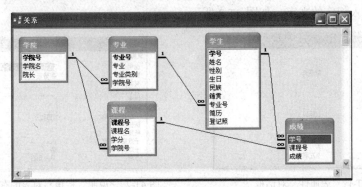

图 4T 实验 3　建立表间的关系

（3）对这 5 张表都在"表属性"对话框的"说明"栏填写对表的有关说明性文字。

成绩表：记录各学号的各个课程号的成绩。

课程表：记录课程号、课程名、学分和学院号。

学生表：记录学生的档案。

学院表：记录学院号、学院名和院长姓名。

专业表：记录专业号、专业名称、专业类别和所属学院号。

（4）对"数据表"视图显示的字体、字形及字号进行重新设置。

（5）对成绩表的成绩降序排序。

（6）修改某表记录、字段或删除某表。

【实验步骤参考】

（1）在 D: 盘上建立文件夹"教学"。

（2）进入 Access，在"D:\教学"中建立"教学管理.mdb"。

（3）针对设计，对表 4T 实验 1 至表 4T 实验 5 分别在 Access 下，于"教学管理.mdb"中分别建表。建表方法不限，一般"使用设计器创建表"。方法是：在"教学管理数据库"窗口选择对象标签"表"，再在工具栏中的"新建"菜单中按表 4T 实验 1～表 4T 实验 5 的设计要求建好结构，然后录入记录。请参阅本章 4.5 节"表的操作"下的表记录的输入，请注意记录输入的技巧应用，"OLE 对象"型字段的输入及记录的插入、删除、修改、替换等操作。

（4）5 张表建好后，在"教学管理数据库"窗口单击 Access 主菜单"常用"工具栏上的关系按钮，或者选择"工具"→"关系"命令，都会进入"关系"窗口，同时有"显示表"对话框。如果未出现"显示表"对话框，则在"关系"窗口中右击，在弹出菜单中选择"显示表"命令，就会弹出"显示表"对话框。由于每个表都与其他一个或多个表有关系，因此，在"显示表"对话框中选中表，并单击"添加"按钮依次将各表添加到"关系"窗口。最后关闭"显示表"对话框。

（5）从"关系"窗口的父表中选中主键或无重复索引字段并拖动到子表对应的外键字段上，这时就会弹出"编辑关系"对话框。例如，将"学院"表的"学院号"拖到"专业"表"学院号"，弹出"编辑关系"对话框。在"编辑关系"对话框中，左边的表是父表，右边的相关表是子表。下拉框中列出发生关联的字段，关系类型是"一对多"。

依图 4T 实验 3，建立表间的关系。

（6）对这 5 张表都在"表属性"对话框的"说明"栏填写对表的有关说明性文字，操作是：打开表如打开成绩表，单击"视图"下的设计视图，进入成绩表的结构设计窗口，在表"设计"视图中单击"表设计"工具栏的"属性"按钮，弹出图 4T-1 所示的"表属性"对话框。然后在"说明"栏填入相应的文字，如图 4T-2 所示。

图 4T-1 "表属性"对话框

图 4T-2 "说明"栏填写对表的有关说明性文字

（7）再对"数据表"视图显示的字体、字形及字号进行重新设置，操作如下。

打开课程表，如图 4T-3 所示。选择"格式"→"字体"命令，弹出"字体"对话框，如图 4T-4 所示。

在"字体"对话框中选择适当的选项。其中，"字体"列表框用来选择字体，该列表框列出了 Windows 系统中设置的所有字体。"字形"列表框用来选择字形，如斜体字。"字号"列表框用来设置字体的大小，默认"小五"号字，如图 4T-5 所示。确定后，显示结果如图 4T-6 所示。

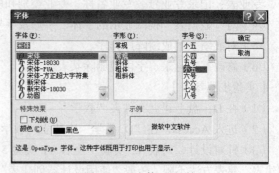

图 4T-3 显示课程表   图 4T-4 "字体"对话框

（8）对成绩表的成绩降序排序。成绩表如图 4T-7 所示，选定"成绩"，单击"降序"按钮，将以该字段值的"降序"方式排序。选择"记录"→"排序"命令也可以实现相同的功能，如图 4T-8 所示。

（9）修改某表记录、字段或删除某表。执行这种操作，若该表在关系中被其他表引用，必须先解除关系。解除的方法是：在"关系"窗口中，选中某个关系连线并右击，弹出图 4T-9 所示的菜单。选择"编辑关系"命令，启动如教材第 4 章图 4-26 的"编辑关系"对话框，用户可以对已建立的关系进行编辑修改；如果选择"删除"命令，Access 将弹出对话框询问是否永久删除选中的关系，回答"是"将删除已经建立的关系。

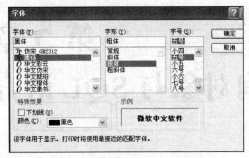

图 4T-5　字体、字形、字号设置

图 4T-6　字体、字形、字号设置后的显示结果

图 4T-7　成绩表显示

图 4T-8　成绩表降序排序显示

另外，单击关系连线选中关系，然后按 Delete 键也可删除该关系；双击某个关系的连线，Access 也将启动"编辑关系"对话框，如图 4T-10 所示，用户可编辑修改已有的关系。

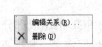

图 4T-9　"编辑关系"菜单

图 4T-10　"编辑关系"对话框

第5章
查询对象与SQL语言

5.1 学习指导

数据库是相关联数据的集合。当数据已经存储在数据库中，从数据库中获取信息就成为数据库应用最主要的方面，而查询是最普及的。

数据库系统（Data Base System，DBS）一般包括三大功能：数据定义功能、数据操作功能、数据控制功能。要表达并实施数据库操作，必须使用数据库操作语言。关系数据库中进行数据操作的语言是结构化查询语言（Structured Query Language，SQL）。

1. 学习目的

查询（Query）是数据库中重要的概念。直观理解，查询就是从数据库中查找所需要的数据。但在 Access 中，查询有比较丰富的含义和用途。本章我们必须学好以下内容。

（1）Access 中查询对象的概念。

（2）SQL 语言，数据运算表达式，SQL 查询。

（3）查询设计视图。

（4）选择查询，汇总、交叉表、参数查询，查询向导。

（5）动作查询：生成表查询、追加查询、更新查询、删除查询。

（6）SQL 特定查询。

2. 学习要求

本章完整地介绍 Access 查询对象的意义、基础和用法。

查询对象是数据库中数据重新组织、数据运算处理、数据库维护的最主要的对象，其基础是SQL 语言。

因此，本章首先介绍 SQL 语言，并将数据的表达式运算作为 SQL 的组成部分。SQL 语言包括了数据定义和数据操作功能，本章通过众多示例，全面介绍了数据定义、数据查询、数据维护的命令及用法，展示了单表、多表连接、分组汇总、子查询等多种操作数据的方法，这是本书非常重要的特色。

在此基础上，又完整地介绍了 Access 中交互特色的各种类型查询设计视图的使用方法，包括选择查询、交叉表查询、参数查询、生成表查询、追加查询、删除查询、更新查询、SQL 特定查询等。

通过本章的深入学习，读者一定要在关系数据库的本质和 Access 的应用方面，建立起一个深刻的认识，并能熟练应用 Access 系统来设计和管理数据。

5.2　阅　　读

1．SQL 语言的特点

（1）综合统一。SQL 语言集数据定义（DDL）、数据操纵（DML）、数据控制（DCL）的功能于一体，语言风格统一，可以独立完成数据库的全部操作，包括定义关系模式、录入数据及建立数据库、查询、更新、维护数据、数据库的重新构造、数据库安全性等一系列操作的要求，为数据库应用系统开发者提供了良好的环境。

（2）高度非过程化。

（3）面向集合的操作方式。

（4）以同一种语法结构提供两种使用方式。

（5）语言简洁，易学易用。

2．SQL 语言的基本概念

SQL 语言支持关系型数据库的三级模式结构。其中外模式对应于视图（View）和部分基本表（Base Table），模式对应于基本表，内模式对应于存储文件。

基本表是本身独立存在的表，在 SQL 语言中一个关系对应一个表。一些基本表对应一个存储文件，一个表可以带若干索引，索引存放在存储文件中。

存储文件的逻辑结构组成了关系型数据库的内模式。而存储文件的物理文件结构是任意的。

视图是从基本表或其他视图中导出的表，它本身不独立存储在数据库中，也就是说数据库只存放视图的定义，而不存放视图对应的数据，这些数据仍存放在导出视图的基本表中，因此视图是一个虚表。

3．SQL 中的数据查询语句

数据库中的数据很多时候是为了查询的，因此，数据查询是数据库的核心操作。而在 SQL 语言中，查询语言中有一条查询命令，即 SELECT 语句。

（1）基本查询语句。

【格式】SELECT　[ALL | DISTINCT]　<字段列表>　　FROM　<表>

【功能】无条件查询。

【说明】ALL：表示显示全部查询记录，包括重复记录。

　　　　DISTINCT：　表示显示无重复结果的记录。

（2）带条件（WHERE）的查询语句。

【格式】SELECT　[ALL　|　DISTINCT]　<字段列表>　　FROM　<表>

　　　　[WHERE　<条件表达式>]

【功能】从一个表中查询满足条件的数据。

【说明】<条件表达式>由一系列用 AND 或 OR 连接的条件表达式组成，条件表达式的格式可以是以下几种。

① <字段名 1><关系运算符><字段名 2>。

② <字段名><关系运算符><表达式>。

③ <字段名><关系运算符>ALL（<子查询>）。

④ <字段名><关系运算符> ANY | SOME （<子查询>）。

⑤ <字段名> [NOT] BETWEEN <起始值> AND <终止值>。

⑥ [NOT] EXISTS （<子查询>）。

⑦ <字段名> [NOT] IN <值表>。

⑧ <字段名> [NOT] IN （<子查询>）。

⑨ <字段名> [NOT] LINK <字符表达式>。

SQL 支持的关系运算符如下：= 、< > 、! = 、# 、= = 、> 、> = 、< 、< = 。

4. SQL 的复杂查询

（1）连接查询。

【说明】在一个数据库中的多个表之间一般都存在着某些联系，在一个查询语句中同时涉及到两个或两个以上的表时，这种查询称之为连接查询（也称为多表查询）。在多表之间查询必须处理表与表之间的连接关系。

【格式】SELECT [ALL | DISTINCT] <字段列表> FROM <表1>[，表2…]
  WHERE <条件表达式>

（2）连接问题。在 SQL 语句中，在 FROM 子句中提供了一种称之为连接的子句，连接分为内连接和外连接，外连接又可分为左外连接、右外连接和全外连接。

① 内连接。内连接是指包括符合条件的每个表的记录，也称之为全记录操作。而上面两个例子就是内连接。

② 外连接。外连接是指把两个表分为左右两个表。右外连接是指连接满足条件右侧表的全部记录。左外连接是指连接满足条件左侧表的全部记录。全外连接是指连接满足条件表的全部记录。

（3）嵌套查询。在 SQL 语句中，一个 SELECT-FROM-WHERE 语句称为一个查询块。将一个查询块嵌套在另一个查询块的 WHERE 子句或 HAVING 短语的条件中的查询称为嵌套查询或子查询。

（4）分组与计算查询。

【格式】SELECT [ALL | DISTINCT] <字段列表> FROM <表> [WHERE <条件>]
[GROUP BY <分类字段列表>…][HAVING <过滤条件>]
[ORDER BY <排序项> [ASC | DESC]

【功能】包括有排序、函数运算和谓词演算。

（5）查询去向。默认情况下，查询输出到一个浏览窗口，用户在 SELECT 语句中可使用 [INTO<目标>|TO FILE<文件名>|TO SCREEN| TO PRINTER]子句选择查询去向。

INTO ARRAY 数组名：将查询结果保存到一个数组中。

CURSOR<临时表名>：将查询结果保存到一个临时表中。

DBF | TABLE <表名>：将查询结果保存到一个永久表中。

TO FILE<文件名>[ADDITIVE]：将查询结果保存到文本文件中。如果带"ADDITIVE"关键字，查询结果以追加方式添加到<文件名>指定的文件，否则，以新建或覆盖方式添加到<文件名>指定的文件。

TO SCREEN：将查询结果保存在屏幕上显示。

TO PRINTER：将查询结果送打印机打印。

5.3　习题解答

一、单项选择题

1. 下列运算符中，只能用于字符串比较的是【B】。

    A．＝　　　　　　　　B．＝＝　　　　　　　C．#　　　　　　　　D．◇

2. 逻辑运算符的优先顺序是【B】。

    A．AND→NOT→OR　　　　　　　　B．NOT→AND→OR

    C．OR→NOT→AND　　　　　　　　D．NOT→OR→AND

3. 下列运算符中，优先级最高的是【C】。

    A．*　　　　　　　　B．%　　　　　　　　C．（　）　　　　　　D．＋

4. 下列运算符中，只能用于字符串比较的是【B】。

    A．＝　　　　　　　　B．$　　　　　　　　C．#　　　　　　　　D．◇

5. 函数的三要素不包括【A】。

    A．函数类型　　　　　B．函数名　　　　　　C．参数　　　　　　　D．函数值

6. 起函数的自变量作用或表述函数运算相关信息的是【C】。

    A．函数类型　　　　　B．函数名　　　　　　C．参数　　　　　　　D．函数值

7. 起函数的标识作用、说明函数的功能的是【B】。

    A．函数类型　　　　　B．函数名　　　　　　C．参数　　　　　　　D．函数值

8. 函数运算后会返回一个值，这就是函数的功能，称为【D】。

    A．函数类型　　　　　B．函数名　　　　　　C．参数　　　　　　　D．函数值

9. 下列常用函数中，用于求字符表达式中字符个数的函数是【B】。

    A．AT()　　　　　　B．LEN()　　　　　　C．SUBSTR()　　　　D．TRIM()

10. 下列常用函数中，用于返回一个 0～1 的随机数的函数是【A】。

    A．RAND()　　　　　B．SPACE()　　　　　C．SUBSTR()　　　　D．TRIM()

11. 下列常用函数中，用于求最大值的函数是【C】。

    A．ABS()　　　　　　B．MIN()　　　　　　C．MAX()　　　　　　D．MOD()

12. 列常用函数中，用于求最小值的函数是【B】。

    A．ABS()　　　　　　B．MIN()　　　　　　C．MAX()　　　　　　D．MOD()

13. 以下不属于 SQL 对数据库进行更新操作的是【C】。

    A．表记录插入　　　B．表记录删除　　　C．查询合并　　　　D．表记录修改

14. 以下对 SQL 修改功能的说法中，不正确的是【C】。

    A．不增加表中的记录　　　　　　　　B．不减少表中的记录

    C．可以增加或减少表中的记录　　　　D．可以更改记录的字段值

15. 以下实现 SQL 的查询功能的命令是【D】。

    A．CREAT　　　　　B．ALTER　　　　　C．OPEN　　　　　D．SELECT

二、填空题

1. Access 数据库将查询分为 "选择查询" 和 "动作查询" 两大类。

2. Access 的查询以表为基础。

3. 在 Access 中，完成数据组织存储的是表；实现数据库操作功能的是"查询"。

4. 一般的 DBMS 都提供两种应用：第一种应用称为查询；第二种应用以查询为基础来实现，称为 视图（View）。

5. 从查询功能上划分，Access 查询的 5 种类别为选择查询、参数查询、交叉表查询、操作查询和 SQL 查询。

6. 一般的 DBMS 在执行一个查询后，会得到一个查询结果数据集，这个数据集是二维表。

7. SQL 是集数据定义、数据操作和数据控制功能于一身的功能完善的数据库语言。

8. SQL 语言是 IBM 公司在 1981 年推出以来的。

9. SQL 以同一种语法格式提供两种使用方式：自主式和嵌入式。

10. SQL 语句无需事先打开表。

11. Access 中用 0 表示 False，−1 表示 True。

12. Access 中称为参数的概念实际上就是一个输入变量。

13. 数据维护更新操作分为三种：数据记录的追加、删除、更新。

14. 在对表作记录的删除操作时，应注意数据完整性规则的要求，避免出现不一致的情况。

15. 表之间连接的方式有 内连接 、左外连接、右外连接等，默认为内连接。

三、名词解释

1. 选择查询。

【参考答案】用户从指定表中获取满足给定条件的记录。

2. 动作查询。

【参考答案】用户从指定表中筛选记录以生成一个新表，或者对指定表进行记录的更新、添加或删除等操作。

3. SQL 视图。

【参考答案】"SQL 视图"是一个窗口，是一个如同记事本的文本编辑器，在"SQL 视图"中，以命令行方式输入 SQL 语句来表达查询，然后执行 SQL 语句以实现查询的目标。

4. SQL 的独立使用方式。

【参考答案】在数据库环境下用户直接输入 SQL 命令并立即执行。这种使用方式可立即看到操作结果，对测试、维护数据库也极为方便。比较适合初学者学习 SQL。

5. SQL 的嵌入使用方式。

【参考答案】将 SQL 命令嵌入到高级语言程序中，作为程序的一部分来使用。

6. 查询对象。

【参考答案】当用户将设计输入的查询命令命名保存，就成为 Access 数据库的查询对象。查询对象保存的是查询的定义，不是查询的结果。

7. SQL 的更新功能。

【参考答案】更新操作既不增加表中的记录，也不减少记录，而是更改记录的字段值。既可以对整个表的某个或某些字段进行修改，也可以根据条件针对某些记录修改字段的值。

8. 删除查询。

【参考答案】删除查询是指在指定的表中删除符合条件的记录。由于删除查询将永久地和不可逆地从表中删除记录，因此对于删除查询要特别慎重。

9. ODBC。

【参考答案】ODBC（Open Database Connectivity，开放数据库互联）数据库服务器，是 Microsoft

公司提供的一种数据库访问接口。ODBC 以 SQL 语言为基础，提供了访问不同 DBMS 中的数据库的方法，使得不同系统的数据访问与共享变得容易，且不用考虑不同系统之间的区别。

10. 传递查询。

【参考答案】传递查询直接将命令发送到 ODBC 数据库服务器上。使用传递查询，不必与服务器上的表进行连接，就可以直接使用相应的数据。

四、问答题

1. 应用查询的基本步骤是哪些？

【参考答案】应用查询的基本步骤如下。

（1）设计定义查询。

（2）运行查询，获得查询结果集。这个结果集与表的结构一致。

（3）如果需要重复或在其他地方使用这个查询的结果，就将查询命名保存，这就得到一个查询对象。以后打开查询对象，就会立即执行查询并获得新的结果。因此，查询对象总与表中的数据保持同步。如果不保存查询命名，则查询和结果集都将消失。

2. Access 的"选择查询"有哪两种基本用法？

【参考答案】Access 的"选择查询"的两种基本用法是：一是根据条件，从数据库中查找满足条件的数据，并进行运算处理。二是对数据库进行重新组织，以支持用户的不同应用。

3. 试述 Access 查询对象的意义。

【参考答案】一般的 DBMS 在执行一个查询后，会得到一个查询结果数据集，这个数据集也是二维表，但数据库中并不将这个数据集（表）保存。Access 可以命名保存查询的定义，这就得到数据库的查询对象。查询对象可以反复执行，查询结果总是反映表中最新的数据。查询所对应的结果数据集被称为"虚表"，是一个动态的数据集。

4. 试述 SQL 的主要特点。

【参考答案】SQL 的主要特点如下。

（1）高度非过程化，是面向问题的描述性语言。用户只需将需要完成的问题描述清楚，具体处理细节由 DBMS 自动完成。即用户只需表达"做什么"，不用管"怎么做"。

（2）面向表，运算的对象和结果都是表。

（3）表达简洁，使用词汇少，便于学习。SQL 定义和操作功能使用的命令动词只有 CREATE、ALTER、DROP、INSERT、UPDATE、DELETE 和 SELECT 这么几个。

（4）自主式和嵌入式的使用方式，方便灵活。

（5）功能完善和强大，集数据定义、数据操纵和数据控制功能于一身。

（6）所有关系数据库系统都支持，具有较好的可移植性。

总之，SQL 已经成为当前和将来 DBMS 应用和发展的基础。

5. 要进入"SQL 视图"，首先要进入查询的"设计视图"，原因何在？

【参考答案】"SQL 视图"本来是与"设计视图"对应的一种界面，Access 的本意是在设计视图中进行交互定义查询时，可以给用户查看对应的 SQL 语句，所以要进入"SQL 视图"，首先要进入查询的"设计视图"。

6. 试述 Access 的 SQL 工作方式特点。

【参考答案】SQL 的基本工作方式是命令行方式。Access 没有提供独立的 SQL 工具，可以将查询设计视图之一的"SQL 视图"作为一般的 SQL 工具使用。该工具功能有限，一次只能编辑处理一条 SQL 语句，并且除错误定位和提示外，没有提供其他任何辅助性的功能。

7. 用户能在"SQL 视图"的命令行界面完成什么?

【参考答案】用户在这个窗口中可以完成。

(1)输入、编辑 SQL 语句。

(2)运行 SQL 语句并查看查询结果。

(3)保存 SQL 语句为查询对象。

(4)在"SQL 视图"和"设计视图"之间转换界面。

这个窗口只能使用 SQL 命令语句。包括定义命令 CREATE、ALTER、DROP,查询命令 SELECT,更新命令 INSERT、UPDATE、DELETE。

8. SQL 语法中使用辅助性的符号,常用的有哪些符号?各自的含义是什么?

【参考答案】在介绍命令语句的语法中使用了一些辅助性的符号,这些符号不是语句本身的一部分,而是语法的说明。它们的含义如下。

[ ]:表示被括起来的部分是可选部分。

< >:表示被括起来的部分必须由用户定义。

|:表示两项或多项必选其一。

…:表示 … 前的项目可重复。

语法中直接写出的词汇是 Access 命令中的保留字,大小写等同。

9. SQL 的三表连接查询时,在 FROM 子句中有 3 个表和两个连接子句。第一个连接子句要用括号括起来,是什么意思?

【参考答案】意即第 1 个表和第 2 个表连成一个表后,再与第 3 个表连接。

10. 简述 SQL 的内、外连接查询。

【参考答案】SQL 将连接查询分为内连接(INNER JOIN)、左外连接(LEFT JOIN)和右外连接(RIGHT JOIN),默认为内连接。内连接就是只查询两个连接表中满足连接条件的记录;左外连接就是除查询两个连接表中满足连接条件的记录外,还保留左边表的不满足连接条件的剩余全部记录;右外连接与左外连接的区别是保留右边表的不满足连接条件的剩余全部记录。

在查询结果中,左外连接保留的不满足连接条件的左表记录对应的右表输出字段处填上空值;右外连接保留的不满足连接条件的右表记录对应的左表输出字段处填上空值。

所以用户可根据需要采用内连接或左、右外连接。

11. SQL 查询对象的用途主要有哪些?

【参考答案】SQL 查询对象的用途主要有以下两种。

(1)当需要查看查询结果时,进入查询对象界面,选中相应的查询对象单击"打开"按钮,就可以运行查询,查看结果。这种方式避免了每次都要写 SELECT 命令或设计查询的操作,特别是对不熟悉查询设计的用户,更为实用。另外,由于不保存结果数据,所以没有对存储空间的浪费。同时,由于查询对象是在打开的时候执行的查询,所以查询对象总是获取的数据源表中最新的数据。这样,查询就能自动与源表保持同步。

(2)由于查询的结果与表的格式相同,所以查询对象还可以进一步成为其他操作的数据源。也就是说,在 SELECT 命令或其他操作表的命令中,都可以在数据源的地方使用查询对象。当然,由于查询对象本身没有数据,对查询对象的操作最终都转换为对表的操作。所以,查询对象也称为"虚表"。

12. 在设置查询的时候,关闭了"显示表"对话框,若要再添加其他的表或查询对象,如何操作?

【参考答案】可以随时单击工具栏上的"显示表"按钮，或者右击,选择弹出菜单中的"显示表"命令,然后在弹出的"显示表"对话框中选择表或查询添加。

13. 写 SQL 命令。

设学生管理库中有如下 3 个表。

学生：学号（C，10），姓名（C,8），性别（C，2），生日（D，8），民族（C，8），籍贯（C，8），专业编号（C,4），简历（M，4），照片（G，4）

成绩：学号（C，10），课程编号（C，6），成绩（N,5.1）

专业：专业编号（C，4），专业名称（,C,20），专业类别（C，10），学院编号（C，2）

请写出完成以下功能的 SQL 命令。

（1）查询学生表中所有学生的姓名和籍贯信息。

【参考答案】SELECT 姓名，籍贯 FROM 学生

（2）查询学生成绩并显示学生的全部信息和成绩的全部信息。

【参考答案】SELECT 学生.*,成绩.* FROM 学生 JOIN 成绩 ON 学生.学号 = 成绩.学号

（3）查询学生所学专业的信息，显示学生的姓名、性别、生日，以及专业表的全部字段；同时显示尚未有学生就读的其他专业信息（提示：右外连接专业表）。

【参考答案】SELECT 姓名、性别、生日，专业.*，FROM 学生 RIGHT OUTER JOIN 专业 ON 学生.专业编号 = 专业.专业编号

（4）查询成绩表中所有学生的学号和成绩信息。

【参考答案】SELECT 学号，成绩 FROM 成绩

（5）查询学生所学专业并显示学生的全部信息和专业的全部信息。

【参考答案】SELECT 学生.*,专业.* FROM 学生 JOIN 专业 ON 学生.专业编号 = 专业.专业编号

（6）显示全部学生信息及他们的成绩信息，包括没有选课的学生信息（提示：左外连接成绩表）。

【参考答案】SELECT 学生.*，成绩.*，FROM 学生 LEFT OUTER JOIN 成绩 ON 学生.学号 = 成绩.学号

14. 以下命令是 SQL 多表连接查询。

SELECT 姓名，性别，生日，专业.*

FROM 学生 RIGHT OUTER JOIN 专业

ON 学生.专业编号 = 专业.专业编号；

请指出：

（1）左表、右表的名称。

（2）其连接方式是内连接还是外连接？如果是外连接，是左外、右外还是全外连接？

（3）查询结果记录的输出形式。

【参考答案】

（1）左表是学生表，右表是专业表。

（2）其连接方式是外连接中的右外连接。

（3）查询结果记录的输出形式是：学生表中的专业编号与专业表中的专业编号相等的记录，以及专业表中专业编号与学生表中的专业编号不等的记录，这些连接后的输出记录的姓名，性别，生日字段下为 NULL。

15. 什么是交叉表查询？

【参考答案】交叉表查询是 Access 支持的一种特殊的汇总查询。

16. 什么是参数？什么是参数查询？

【参考答案】在设计各类查询时，如果用到很确定的值，就直接使用其常量。但有时在设计查

询时不能确定一个数据的确切值，只有在运行查询时由用户输入，因此可以将这个数据定义为参数。参数可以用在所有查询操作需要输入值的地方，使用参数的查询就是参数查询。

17. 参数有哪些定义方式？

【参考答案】参数有两种定义方式。

（1）在查询中直接写出的名称标识符，该标识符不是字段名等已有的名称。

（2）为避免混淆，可以将作为参数的标识符用"[ ]"括起来。

18. 对于每个输入参数值的提示，可以执行的操作可能是什么？

【参考答案】对于每个输入参数值的提示，可以执行下列操作之一：

（1）若要输入一个参数值，键入其值。

（2）若输入的值就是创建表时定义的该字段的，输入<DEFAULT>。

（3）若要输入一个 Null ，输入<NULL>。

（4）若要输入一个零长度字符串或空字符串，请将该框留空。

19. Access 提供了哪几种查询向导？

【参考答案】Access 提供了 4 种查询向导：简单查询向导、交叉表查询向导、查找重复项查询向导和查找不匹配项查询向导。

5.4   实验题解答

1. 在机器上实现 Access 使用 SQL 的环境。

【操作步骤参考】

在机器上实现 Access 使用 SQL 的环境，即进入 SQL 视图窗口。

第一，在 Access 下打开某数据库文件.mdb,如教材管理. mdb 并选中"查询"对象，如图 5T-1 所示。

第二，在查询对象列表窗口中选取第一种"在设计视图中创建查询"，然后单击上面的"新建"按钮，弹出图 5T-2 所示的"新建查询"对话框，在此窗口中选择第 1 项"设计视图"然后单击 "确定"按钮，就会进入图 5T-3 所示的查询的设计视图；或者在图 5T-1 中双击"在设计视图中创建查询"，也会进入图 5T-3 所示的查询设计视图。

图 5T-1 数据库窗口的查询标签界面

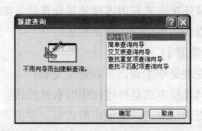

图 5T-2 "新建查询"对话框

图 5T-3 查询的设计视图

第三，SQL 语句无需事先打开表，所以直接单击"关闭"按钮关闭"显示表"对话框。这时在 Access 窗口主菜单下的"常用"工具栏最左边出现 SQL 按钮（第 1 项），该按钮右边带有下拉符号"▼"，如图 5T-4 所示。

第四，单击 SQL 按钮，在出现的列表中单击"SQL 视图"，这时，屏幕的界面就转换为"SQL 视图"的命令行界面（窗口），如图 5T-5 所示。这是一个文本编辑器，编辑方法与"记事本"等相似。用户在这个窗口中可以录入 SQL 语句再执行，获得二维表式的查询结果。

图 5T-4 SQL 按钮

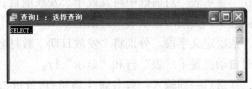

图 5T-5 查询的 SQL 视图窗口

2. 在机器上实现教材上本章例题例 5-18。

【操作步骤参考】

第一，分析。

本题的 SQL 查询命令：SELECT * FROM 部门，员工。

该 SELECT 命令中没有连接条件，执行查询的结果，可以看出是将两个表的全部记录两两连接并输出全部字段，这种功能完成的就是关系代数中的笛卡儿积。

第 2 章表 2-1 部门表有 3 字段 6 条记录，表 2-2 员工表有 7 字段 10 条记录，则查询的结果表有 10 字段 60 条记录。

第二，我们在 Access 下完成，如图 5T-6 所示，结果如图 5T-7 所示。

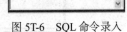

图 5T-6 SQL 命令录入

3. 在机器上实现教材上本章例题例 5-36。

【操作步骤参考】

第一，分析。

设计根据输入日期查询发放数据的查询，输出：发放日期、教材名、定价、发放数量、售价折扣、金额。

这些数据放在教材、发放单、发放细目表内。除金额外，其他都可以从表上获得，金额的值等于"发放数量 × 定价 × 售价折扣"。

我们用 Access 下的选择查询完成。

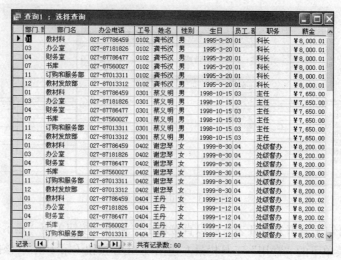

图 5T-7　执行结果

第二，准备。

在"D：\教材系统"建立数据库教材管理.mdb,在 Access 下打开教材管理.mdb

第三，在"教材管理"数据库窗口中的查询对象界面双击"在设计视图中创建查询"，启动设计视图，在"显示表"对话框中将发放单、发放细目、教材这 3 个表依次加入设计视图，这 3 个表自动连接起来。关闭"显示表"对话框。

第四，依次定义字段。分别将"发放日期、教材名、定价、数量、售价折扣"放入"字段"行内，同时自动设置了"表"行和"显示"行。

第五，在最后一列输入：售书细目.数量*售价折扣*定价（完成金额）。

设计视图如图 5T-8 所示，对应的 SQL 视图如图 5T-9 所示。

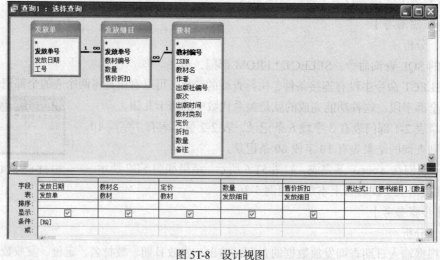

图 5T-8　设计视图

图 5T-9　SQL 视图

　　在最后一列的"表达式 1"处用"金额"替换掉，从而对"表达式 1"重新命名。整个设计就完成了。

　　第六，单击"保存"按钮，在"另存为"对话框中输入查询名"根据日期查询发放教材数据"，保存。以后打开教材管理.mdb 选择"查询"对象，如图 5T-10 所示。

　　若运行该查询，双击"根据日期查询发放教材数据"，首先弹出"输入参数值"对话框，输入日期，如图 5T-11 所示，然后就会在"数据表视图"中显示查询结果，如图 5T-12 所示。

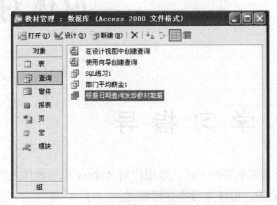

图 5T-10　教材管理.mdb 查询对象　　　　　图 5T-11　运行输入查询日期

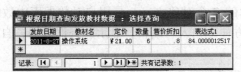

图 5T-12　查询的结果

第6章
窗体对象

6.1 学 习 指 导

窗体是 Access 数据库应用中一个非常重要的工具，是用户与 Access 应用程序之间的主要接口。窗体一般是建立在表或查询基础上的，窗体本身不存储数据。

1. 学习目的

窗体是 Access 数据库的 7 个对象之一，是用户对数据库中数据进行操作的理想工作界面。通过窗体，用户可以方便地输入、编辑、显示和查询数据，自己构造出方便、美观的输入/输出界面。

通过本章的学习，熟悉窗体的概念及窗体的组成。

掌握创建窗体的方法，即窗体的设计，同时学习面向对象程序设计的简单方法，然后学好窗体控件设计。

2. 学习要求

本章主要介绍 Access 中窗体的基本概念和基本操作。窗体是 Access 数据库的一个有用的对象，是用户对数据库中数据进行操作的理想工作界面。通过窗体，用户可以方便地输入、编辑、显示和查询数据，构造方便、美观的输入/输出界面。窗体是用户与 Access 应用程序之间的主要接口。窗体一般是建立在表或查询基础上的，窗体本身不存储数据。

Access 提供了 7 种类型的窗体，分别是纵栏式窗体、表格式窗体、数据表窗体、数据透视表窗体、数据透视图窗体、图表窗体和主/子窗体。

窗体的视图可以用来确定窗体的创建、修改和显示的方式。Access 中提供有 5 种不同的窗体视图，分别是设计视图、窗体视图、数据表视图、数据透视表视图和数据透视图视图，可以在这些视图中进行切换。

创建窗体有 3 类方法：自动创建窗体、使用窗体向导、在设计视图中创建窗体。使用自动创建及向导来创建窗体快捷而简单；使用设计器创建的窗体更符合用户的要求，更加美观。

创建窗体包括定义窗体和创建控件，其中控件的创建是主要内容。可以通过控件来美化窗体，并且提高窗体的功能。本章介绍了标签、文本框、列表框、组合框、命令按钮、复选框、选项按钮、切换按钮、选项卡等常用控件，以及对控件的常用属性和事件的设置。

6.2 习题解答

1. 窗体的主要作用是什么？

【参考答案】窗体是用户与 Access 数据库之间的一个交互界面，用户通过窗体可以显示信息，进行数据的输入和编辑，还可根据录入的数据执行相应命令，对数据库进行各种操作的控制。

窗体本质上就是一个 Windows 的窗口，只是在进行可视化程序设计时，将其称为窗体。

2. 窗体由哪几个部分组成？创建窗体时默认结构中只包括哪个部分？如何添加其他部分？

【参考答案】完整的窗体结构包括窗体页眉节、页面页眉节、主体节、页面页脚节、窗体页脚节等。在创建和设计窗体时，大部分窗体只选择主体节，这也是创建窗体时默认的结构形式。在"视图"菜单中选择"页面页眉/页脚"或"窗体页眉/页脚"命令单击即可。页面页眉和页面页脚、窗体页眉和窗体页脚，都是成对出现的。

3. Access 提供了哪几种类型的窗体？

【参考答案】Access 提供了 7 种类型的窗体，分别是纵栏式窗体、表格式窗体、数据表窗体、数据透视表窗体、数据透视图窗体、图表窗体和主/子窗体。

4. Access 中提供了几种不同的窗体视图？各种窗体视图的作用是什么？

【参考答案】Access 中提供有 5 种不同的窗体视图，并可以在这些视图中进行切换。

（1）窗体的"设计"视图用于显示窗体的设计方案，在该视图中可以创建新的窗体，也可以对已有窗体的设计进行修改。

（2）窗体的"窗体"视图可以显示来自数据源的一个或多个记录，也可以添加和修改表中的数据。在"窗体"视图中打开窗体后，"窗体"视图工具栏变成可用的。

（3）窗体的"数据表"视图以行列格式显示来自窗体中的数据，在该视图中可以编辑字段，也可以添加、删除数据。

（4）窗体的"数据透视表"视图用于汇总并分析数据表或窗体中的数据，可以通过拖动字段和项，或者通过显示和隐藏字段的下拉列表中的项，来查看不同级别的详细信息或指定布局。

（5）窗体的"数据透视图"视图用于显示数据表或窗体中数据的图形分析，可以通过拖动字段和项，或者通过显示和隐藏字段的下拉列表中的项，来查看不同级别的详细信息或指定布局。

5. 利用"自动创建窗体"的方法可以创建哪几种类型的窗体？

【参考答案】利用"自动创建窗体"可以创建 5 种窗体：纵栏式、表格式、数据表、数据透视表、数据透视图等窗体。

6. 在面向对象程序设计中，什么是对象？什么是类？

【参考答案】在面向对象的程序设计中，对象是构成程序的基本单元和运行实体。现实世界中的事物均可以抽象为对象，如一个学生、一本书，都是对象。

类是已经定义了的关于对象的特征、外观和行为的模板和框架，而对象是类的实例。同一类的不同对象具有基本相同的属性集合和事件集合。对象是具体的，类是抽象的。例如，在 Access 的窗体控件工具栏中，每一个控件工具都代表一个类，而用其中某个控件工具在窗体上所创建的一个具体控件就是一个对象。

7. 什么是对象的属性值、事件和方法？

【参考答案】对象的属性值是描绘对象的外观和特征的信息，如标题、字体、位置、大小、颜色、是否可用等。

事件是指由用户操作或系统触发的一个特定的操作，如打开、单击、双击等。

方法通常指由 Visual Basic 语言定义的处理对象的过程，代表对象能够执行的动作。方法一般在事件代码中被调用，调用时须遵循对象引用规则。即：[<对象名>]. 方法名。

8. 什么是绑定型控件？举例说明。

【参考答案】绑定型控件：这种控件可以和表或查询中的字段绑定，主要用于显示、输入或更新字段的值。如文本框、列表框、组合框等控件可以和表或查询中的字段绑定。

9. 什么是非绑定型控件？举例说明。

【参考答案】非绑定型控件：这种控件没有数据来源的属性或者没有设置数据来源，如：标签、线条、矩形、图像等控件，只是用于显示信息、线条、矩形、图像等内容，不需要与数据源绑定。

10. 什么是计算型控件？哪个控件常用来作为计算型控件？在计算型控件中输入计算公式时应首先输入什么符号？

【参考答案】计算型控件：这种控件使用表达式作为数据源。表达式可以利用窗体中所引用的表或查询中字段的数据，也可以是窗体中其他控件中的数据。例如，文本框也可以作为计算型控件，将计算结果输入到文本框中。

在计算型控件中输入计算公式时，应首先输入等号"＝"。

11. "输入掩码"的作用是什么？

【参考答案】如果输入的数据是密码时，将显示一串*号，掩盖了密码的显示。

12. 列表框与组合框有什么区别？

【参考答案】列表框与组合框之间的区别有以下两点。

（1）列表框任何时候都显示它的列表，而组合框平时只能显示一个数据，待用户单击它的下拉箭头后才能显示下拉列表。

（2）组合框实际上是列表框和文本框的组合，用户可以在其文本框中输入数据。

13. 在创建控件时，如果想利用控件向导来创建，应先按下控件工具箱中的哪个按钮？

【参考答案】在控件工具箱中先按下"控件向导"按钮，在后面的操作才出现向导窗。

14. 复选框、选项按钮与切换按钮控件有什么特点？

【参考答案】复选框、选项按钮与切换按钮均属于"是/否"型控件。当选中复选框或选项按钮时，设置为"是"，如果不选则为"否"。当按下切换按钮，其值为"是"，否则其值为"否"。

复选框、选项按钮与切换按钮都可以与表或查询中的"是/否"型字段进行绑定。

15. 要想有效地扩展窗体面积，并将不同类别的数据进行隔离，可选用哪个控件？

【参考答案】可选用选项卡控件选项卡也称为页（Page），选项卡控件可以包含多个页，用分页方法放置不同类别的数据，或隔离不适宜一起显示的数据，可以有效地扩展窗体面积。

6.3　实验题解答

1. 请以教材第 5 章例 5-43 图书销售.mdb 数据库中的"图书"表为数据源，用 "自动创建窗体"的方法创建：

（1）纵栏式窗体。

（2）表格式窗体。

（3）数据表窗体。

（4）数据透视表窗体。并作数据透视表窗体中的筛选：对出版社编号为"1010"、图书类别为"计算机"类图书的明细级汇总。

【实验操作步骤参考】

第一步，预备。

（1）在 Access 下打开数据库图书销售.mdb，进入数据库窗口，在窗口中选择"窗体"对象，如图 6T-1 所示。

（2）单击"窗体"对象中的"新建"命令，弹出"新建窗体"对话框，如图 6T-2 所示。

图 6T-1　在数据库窗口选窗体对象

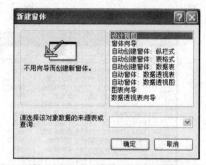
图 6T-2　新建窗体"对话框

第二步，创建纵栏式窗体。

（1）在图 6T-2 所示的"新建窗体"对话框中，选择"自动创建窗体：纵览式"选项。

（2）在"请选择该对象数据的来源表或查询"下拉列表中选择"图书"表，如图 6T-3 所示。

（3）单击"确定"按钮，完成纵栏式窗体的创建，如图 6T-4 所示。

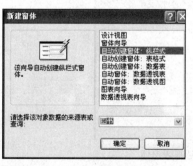
图 6T-3　自动创建窗体：纵览式

图 6T-4　纵栏式窗体

第三步，创建表格式窗体。

在图 6T-2 所示的"新建窗体"对话框中，选择"自动创建窗体：表格式"选项，在"请选择该对象数据的来源表或查询"下拉列表中选择"图书"表，确定，完成表格式窗体的创建，如图 6T-5 所示。

第四步，创建数据表窗体。

在图 6T-2 所示的"新建窗体"对话框中，选择"自动创建窗体：数据表"选项，在"请选择该对象数据的来源表或查询"下拉列表中选择"图书"表，确定，完成数据表窗体的创建，如图 6T-6 所示。

图 6T-5 表格式窗体

图 6T-6 数据表窗体

第五步，创建数据透视表窗体。

在图 6T-2 所示的"新建窗体"对话框中，选择"自动窗体：数据透视表"选项，在"请选择该对象数据的来源表或查询"下拉列表中选择"图书"表，确定，生成如图 6T-7 所示的界面。

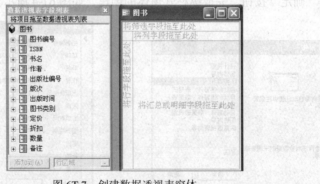

图 6T-7 创建数据透视表窗体

选定"数据透视表字段列表"中的"书名"字段，按住鼠标左键，将其拖到"图书"窗体的"将列字段拖至此处"。同样方法，将"图书类别"字段拖到窗体的"将行字段拖至此处"，将"出版社编号"字段拖到窗体的"将筛选字段拖至此处"，再将"数量"字段拖到窗体的"将汇总或明细字段拖至此处"，完成数据透视表窗体的创建，如图 6T-8 所示。

再作数据透视表窗体中的筛选：对出版社编号为"1010"、图书类别为"计算机"类图书的明细级汇总。

单击"出版社编号"的下拉箭头，选择"1010"再"确定"，然后单击"图书类别"的下拉箭头，选择"计算机"，就可得到"1010"号出版社计算机类图书的明细级汇总，如图 6T-9 所示。

图 6T-8　数据透视表窗体的创建

2. 控件及窗体实验题。

给定数据库"图书销售.mdb"，本库有表：部门、出版社、进书单、进书细目、售书单、售书细目、图书、员工。

请创建一个窗体，用组合框控件显示"出版社名"，用列表框控件显示"书名"，"作者"和"定价"用文本框控件显示。

图 6T-9　数据透视表窗体中的筛选

【实验操作步骤参考】（可参阅教材第 6 章的例 6-10）

（1）创建一个查询，名为"图书查询"，查询语句如下。

SELECT 图书.书名, 图书.作者, 图书.定价, 出版社.出版社名

　　FROM 出版社 INNER JOIN 图书 ON 出版社.出版社编号 = 图书.出版社编号

（2）创建窗体，将窗体的"记录源"属性设置为"图书查询"。

（3）创建组合框，利用组合框向导，按照提示选择"查询"，选择"图书查询"，选择"出版社名"字段等。

（4）创建列表框，列表框属性设置。

① 将"控件来源"属性设置为"书名"。

② 将"行来源类型"属性设置为"表/查询"。

③ 将"行来源"属性设置为"图书查询"。

（5）将字段列表框中的"作者"和"定价"字段拖到窗体中。

设计结果如图 6T-10 所示。

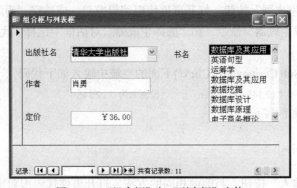

图 6T-10　"组合框"与"列表框"窗体

3. 输入掩码及命令按钮控件的窗体创建。

如第 2 题，给定数据库"图书销售.mdb"，本库有表：部门、出版社、进书单、进书细目、售书单、售书细目、图书、员工。

（1）创建一个登录图书销售管理系统的窗体，如图 6T 实验 3 题所示。通常在输入密码时，不应显示出密码数据，而应该用占位符表示（"输入掩码"的使用）。

（2）在登录窗体创建好后，在登录窗体中，添加 3 个命令按钮。第一个为"确定"按钮：输入密码后，单击"确定"按钮，若密码正确，在对话框中显示"欢迎进入系统！"；若不正确，在对话框中显示"密码错误！"。第二个为"重新输入"按钮：单击"重新输入"按钮，使输入密码的文本框获得重新录入的权力（获得焦点）。第三个为"退出"按钮：单击"退出"按钮，关闭窗体。

【实验操作步骤参考（1）】（参阅教材第 6 章例 6-9）

（1）启动窗体设计设计视图，按图 6T 实验 3 题所示，使用标签及文本框等控件创建窗体。

（2）选定输入密码文本框的"输入掩码"属性，单击该属性框右边的"生成器"按钮，打开"输入掩码向导"，如图 6T-11 所示，选择"输入掩码"列表中的"密码"项。

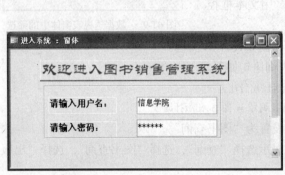

图 6T 实验 3 题　图书销售系统的窗体　　　　图 6T-11　"输入掩码"向导

（3）其他标签和文本框设置与前面所介绍的相同，这里不再重复。

【实验操作步骤参考（2）】（参阅教材第 6 章例 6-12）

（1）在窗体中创建 3 个命令按钮，分别将"标题"属性设置为"确定"、"重新输入"和"退出"。将"确定"按钮的"默认"属性设置为"是"。

（2）选定"确定"按钮，在其属性对话框中选择"事件"卡片，在"单击"框中选择"事件过程"，单击右边的"生成器"按钮，打开事件代码编辑窗口。或选定"确定"按钮后，右击，在快捷菜单中选择"事件生成器"命令，在"选择生成器"对话框中选择"代码生成器"，打开事件代码编辑窗口。

在过程头 Private Sub Command1_Click()下面的空域中输入如下代码。

```
If  Text2.Value = "123456"  Then       '设密码为"123456"
    MsgBox "欢迎使用本系统！"
Else
    MsgBox "密码错误！"
End If
```

（3）选定"重新输入"按钮，与前面相同的方法，打开事件代码编辑窗口。

在过程头：Private Sub Command2_Click()下面的空域中输入如下代码。

```
Text2.SetFocus
```

（4）选定"退出"按钮，与前面相同的方法，打开事件代码编辑窗口。

在过程头 Private Sub Command3_Click()下面的空域中输入如下代码。

```
DoCmd.Close
```

设计完成后，便可得到如图 6T-12 所示的窗体，从中分别输入用户名和密码。

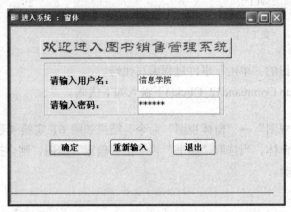

图 6T-12　加按钮的登录系统窗体

设置密码为"123456"，若在输入密码文本框中输入的是"123456"，单击"确定"按钮，则出现图 6T-13 所示的对话框；若输入的密码不是"123456"，则出现图 6T-14 所示的对话框。

图 6T-13　提示对话框 1

图 6T-14　提示对话框 2

若单击"重新输入"按钮，则输入密码的文本框获得焦点，可重新输入密码。

若单击"退出"按钮，则关闭窗体。

4．控件及窗体实验题。

给定数据库"图书销售.mdb"，本库有表：部门、出版社、进书单、进书细目、售书单、售书细目、图书、员工。

请创建一个窗体，功能是选择"图书销售"数据库中"图书"、"出版社"、"部门"和"员工"表，并能对其进行编辑或浏览。界面如图 6T 实验 4 题所示。

【实验操作步骤参考】（请参阅教材第 6 章例 6-15）

（1）创建窗体，并将窗体的"标题"属性设置为"选择表"。

图 6T 实验 4 题　编辑或浏览窗体

（2）创建控件，在窗体中创建 1 个选项组，在选项组中添加 4 个选项按钮。分别将 4 个选项按钮的"标题"属性设置为："图书"、"出版社"、"部门"和"员工"。

（3）创建 2 个命令按钮，分别将 2 个命令按钮的"标题"属性设置为："确定"和"退出"。

（4）为"确定"按钮的"单击"事件过程编写代码。

在过程头 Private Sub Command11_Click()下输入如下代码。

```
Select Case Frame0.Value        '根据选项组的值判断选中哪个按钮
Case 1                          '值为1，表示选中第一个选项按钮
  DoCmd.OpenTable "图书"        '打开"图书"表
Case 2
```

```
    DoCmd.OpenTable "出版社"
Case 3
    DoCmd.OpenTable "部门"
Case 4
    DoCmd.OpenTable "员工"
End Select
```

（5）为"退出"按钮的"单击"事件过程编写代码。

在过程头 Private Sub Command12_Click()下输入如下代码。

```
DoCmd.Close
```

设置完毕，选择"视图"→"窗体视图"命令，结果如图 6T 实验 4 题所示，以一个文件名保存。使用时，打开本窗体，当选取"图书"再单击"确定"按钮，则会打开图书表，现在可以对这个表进行浏览或编辑。

第7章
报表对象

7.1 学 习 指 导

报表是 Access 中以一定输出格式表现数据的一种对象。利用报表可以比较和汇总数据，显示经过格式化且分组的信息，可以对数据进行排序，设置数据内容的大小及外观，并将它们打印出来。

1. 学习目的

报表是 Access 数据库 7 个组成对象之一。本章主要介绍报表的基本应用操作。

通过本章学习，先要理解报表的基本概念，然后掌握如何创建报表、掌握对报表进行编辑的方法及报表的排序、分组与统计等操作技术，还要了解如何设计复杂的报表问题，以及预览、打印和保存报表的方法。

2. 学习要求

本章简要介绍了报表的基础知识、报表的功能及各种类型报表的创建过程，较为详细地分析了报表的主要作用。

报表主要分为纵栏式报表、表格式报表、图表报表和标签报表 4 种类型，每种类型的结构和创建方法本章做了介绍，我们要了解和掌握，特别是各种报表的创建方法，包括自动报表、报表向导以及报表设计器方法，都应该能操作和实现。本章有相关实例的列举，为读者创建报表、设计报表、编辑美化报表及报表细节的处理等，提供了基本知识的指导。

7.2 习 题 解 答

1. 什么是报表？我们可以利用报表对数据库中的数据进行什么处理？

【参考答案】报表是 Access 中以一定输出格式表现数据的一种对象。利用报表可以比较和汇总数据，显示经过格式化且分组的信息，可以对数据进行排序，设置数据内容的大小及外观，并将它们打印出来。

2. 使用报表的好处有哪些？

【参考答案】使用报表主要有以下 6 个方面的好处。

（1）在一个处理的流程中，报表能用尽可能少的空间来呈现更多的数据。

（2）可以成组地组织数据，以便对各组中的数据进行汇总，显示组间的比较等。

（3）可以在报表中包含子窗体、子报表和图表。

（4）可以采用报表打印出吸引人或符合要求的标签、发票、订单和信封等。

（5）可以在报表上增加数据的汇总信息，如计数、求平均值或者其他的统计运算。

（6）可以通过嵌入图像或图片来显示数据。

3. 请分析一下报表与窗体的异同。

【参考答案】窗体主要用于对于数据记录的交互式输入或显示，而报表主要用于显示数据信息，以及对数据进行加工并以多种表现形式呈现，包括对数据的汇总、统计及各种图形等。

创建窗体中所用的大多数方法，也适用于报表。

报表仅为显示或打印而设计，窗体是为在窗口中交互式输入或显示而设计。在报表中不能通过工具箱中的控件来改变表中的数据，Access 不理会用户从选择按钮、复选框及类似的控件中的输入。

创建报表时不能使用数据表视图，只有"打印预览"和"设计视图"可以使用。

4. 报表的类型有哪些？

【参考答案】报表主要分为以下 4 种类型：纵栏式报表、表格式报表、图表报表和标签报表。

5. 报表的视图类型有哪些？

【参考答案】报表操作提供了 3 种视图："设计"视图、"打印预览"视图和"版面预览"视图。设计视图用于创建和编辑报表的结构；打印预览视图用于查看报表的页面数据输出形态；版面预览视图用于查看报表的版面设置。

6. 报表由哪些节区组成？各自的作用是什么？

【参考答案】报表可以有 7 个节，分别是报表页眉、报表页脚、页面页眉、页面页脚、主体节、组页眉和组页脚。

报表页眉中的任何内容都只能在报表的开始处，即报表的第一页打印一次。在报表页眉中，一般是以大字体将该份报表的标题放在报表顶端的一个标签控件中。

报表页脚一般是在所有的主体和组页脚被输出完成后才会打印在报表的最后面。通过在报表页脚区域安排文本框或其他一些类型控件，可以显示整个报表的计算汇总或者其他的统计数字信息。

页面页眉中的文字或控件一般输出显示在每页的顶端。通常，它是用来显示数据的列标题。在报表输出的首页，这些列标题是显示在报表页眉的下方。

页面页脚一般包含页码或控制项的合计内容，数据显示安排在文本框和其他一些类型控件中。在报表每页底部打印页码信息。

主体节用来处理每条记录，其字段数据均须通过文本框或其他控件（主要是复选框和绑定对象框）绑定显示。可以包含计算的字段数据。

组页眉是根据需要，在报表设计 5 个基本节区域的基础上，还可以使用"排序与分组"属性来设置"组页眉/组页脚"区域，以实现报表的分组输出和分组统计。组页眉节内主要安排文本框或其他类型控件显示分组字段等数据信息。

组页脚节内主要安排文本框或其他类型控件显示分组统计数据。打印输出时，其数据显示在每组结束位置。

7. 创建报表的方式有哪些？

【参考答案】使用自动报表功能创建报表，使用报表向导创建报表，使用图表向导创建报表，使用标签向导创建报表，及使用设计视图创建报表等。

8．如何向报表中添加日期和时间？如何向报表中添加页码？

【参考答案】在报表"设计"视图中可以给报表添加日期和时间，操作步骤如下。

（1）在"设计"视图打开报表。

（2）选择"插入"→"日期和时间"命令，打开的"日期和时间"对话框。

（3）在对话框中选择显示日期还是时间以及显示格式，单击"确定"按钮即可。

此外，也可以在报表上添加一个文本框，通过设置其"控件源"属性为日期或时间的计算表达式（例如，=Date()或=Time()等）来显示日期与时间。该控件位置可以安排在报表的任何节区里。

在报表中添加页码的方法如下。

（1）在报表"设计"视图中打开报表。

（2）选择"插入"→"页码"命令，打开"页码"对话框。

（3）在对话框中根据需要选择相应的页码格式、位置和对齐方式。对齐方式如下。

① 选项"左"，在左页边距添加文本框；选项"中"，在左右页边距的正中添加文本框；选项"右"，在右页边距添加文本框。

② 选项"内"，在左、右页边距之间添加文本框，奇数页打印在左侧，而偶数页打印在右侧；选项"外"，在左、右页边距之间添加文本框，偶数页打印在左侧，而奇数页打印在右侧。

（4）如果要在第一页显示页码，选中"在第一页显示页码"复选框。

Access 使用表达式来创建页码。

9．什么是计算控件？如何向报表中添加计算控件？

【参考答案】报表设计过程中，除了在版面上布置绑定控件直接显示字段数据外，还常常要进行各种运算并将结果显示出来。例如，报表设计中页码的输出、分组统计数据的输出等均是通过设置绑定控件的控件源为计算表达式形式而实现的，这些控件就称为"计算控件"。

为报表添加计算控件的步骤如下。

（1）进入报表设计视图设计报表。

（2）在主体节内选择文本框控件，或者使用控件工具栏添加一个文本框控件，打开"属性"对话框，选择"数据"选项卡，设置"控件源"属性为所需要的计算表达式。

（3）打印预览报表，保存报表。

10．什么是子报表？如何创建主报表与子报表之间的链接？

【参考答案】插在其他报表中的报表称为子报表。

通过"报表向导"或"子报表向导"创建子报表。在某种条件下（如同名字段自动链接），Access 数据库会自动将主报表与子报表进行链接。但如果主报表和子报表不满足指定的条件，则可以通过以下方法来进行链接。

（1）在报表"设计"视图中，打开主报表。

（2）选择"设计"视图中的子报表控件，然后单击工具栏上的"属性"按钮，打开"子报表属性"对话框。

在"链接子字段"属性框中，输入子报表中"链接字段"的名称，并在"链接主字段"属性框中，输入主报表中"链接字段"的名称。在"链接子字段"属性框中给的不是控件的名称而是数据源中的链接字段名称。

若难以确定链接字段，可以打开其后的"生成器"工具去选择构造。

（3）单击"确定"按钮，完成链接字段设置。

注意　　设置主报表/子报表链接字段时，链接字段并不一定要显示在主报表或子报表上，但必须包含在主报表/子报表的数据源中。

11. 什么是报表快照？报表快照的特性是什么？

【参考答案】Access 提供了一种称作报表快照的新型报表。报表快照是一个具有.snp 扩展名的独立文件，它包含 Access 报表所有页的备份。这个备份包括高保真图形、图标和图片并保存报表的颜色和二维版面。这种功能要求安装有相应的软件才能实现。

报表快照的优点是，不需要照相复制和有机印制版本，接收者就能在线预览并只打印自己需要的页。

为了查看、打印或邮寄一个报表快照，用户需要安装"快照取景器"程序。"快照取景器"是一个可以独立运行的程序，它提供有自己的控件、帮助文件和相关文件。在默认情况下，当用户第一次创建一个报表快照时，Access 就自动安装了"快照取景器"。

7.3　实验题解答

1. 创建报表实验题。

给定图书销售数据库如第 6 章实验题 1、2、3 所用图书销售.mdb，有表：部门、出版社、进书单、进书细目、售书单、售书细目、图书、员工。

请使用"自动报表"方法来创建报表。

（1）以"员工"表为数据来源表，创建纵栏式报表（参阅教材上图 7-1）。

（2）以"教材"表为数据来源表，创建表格式报表（参阅教材上图 7-2）。

（3）以"员工"表为数据来源表，创建员工"职务"人数统计的图表报表（参阅教材上图 7-3）。

（4）以"出版社"表为数据来源表，创建出版社信息标签报表（参阅教材上图 7-4）。

【参考操作步骤】

（1）在 Access 下打开图书销售.mdb，选择数据库窗口的报表对象界面。

（2）单击数据库工具栏上的"新建"按钮，启动 "新建报表"对话框，如图 7T-1 所示。

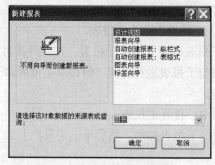

图 7T-1　"新建报表"对话框

（3）在"新建报表"对话框中，根据需要选择下列向导之一。

对第（1）题，选择"自动创建报表：纵栏式"，然后在"请选择该对象数据的来源表或查询"栏中选定"员工"表，确定，所完成的是纵栏式报表，每个字段占一行，并在左侧有标签显示其标题，如图 7T-2 所示。

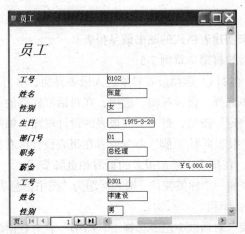

图 7T-2　纵栏式报表

对第（2）题，选择"自动创建报表：表格式"，然后在"请选择该对象数据的来源表或查询"栏中选定"图书"表，确定，所完成的是表格式报表，每个记录占一行，每个字段占一列，在第一行上显示的是字段的标题名（标签控件），如图 7T-3 所示。

图 7T-3　表格式报表

对第（3）题，选择"标签向导"，然后在"请选择该对象数据的来源表或查询"栏中选定"员工"表，确定，然后按向导做"下一步"直到确定，所完成的是员工"职务"人数统计报表，如图 7T-4 所示。

对第（4）题，选择"图表向导"，然后在"请选择该对象数据的来源表或查询"栏中选定"出版社"表，确定，然后按向导做"下一步"直到确定，所完成的是出版社信息标签，如图 7T-5 所示。

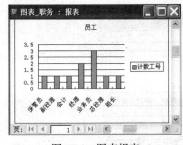

图 7T-4　图表报表

图 7T-5　标签报表

2. 使用设计视图创建报表实验题。

给定图书销售数据库如上题实验题 1 所用图书销售.mdb，图书销售数据库中有表：部门、出版社、进书单、进书细目、售书单、售书细目、图书、员工。

请利用报表设计视图来创建表格式的图书信息报表。

【参考操作步骤】（参阅教材第 7 章例 7-5）。

（1）进入 Access 数据库窗口，选择报表对象进入报表界面，单击"新建"按钮启动"新建报表"对话框，在本对话框中选择"设计视图"选项，在对话框底部的下拉列表框中选择数据来源表为"图书"表，单击"确定"按钮，打开空白报表的设计视图，如图 7T-6 所示。

（2）选择"视图"→"报表页眉/页脚"命令或者在报表设计区右击，在弹出的快捷菜单中选择"报表页眉/页脚"命令，在报表中添加报表的页眉和页脚节区。

（3）在报表页眉节中添加一个标签控件，输入标题为"图书信息表"，设置标签格式为：字体"幼圆"，字号 22 磅，居中，半粗。

（4）由于在"新建报表"对话框中已经选择了"图书"表为数据源表，因此，图书表的字段信息会出现在报表设计视图的右侧。将图书表中的相应字段拖动到报表设计视图的主体区，系统会自动创建相应的文本框控件及标签控件。具体如图 7T-7 所示。

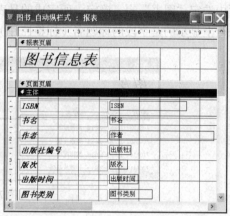

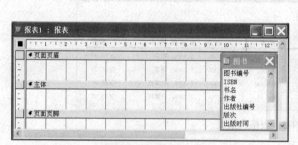

图 7T-6 "设计"视图中创建的空白报表　　　　　图 7T-7 设置报表数据记录源

（5）将主体节区的 6 个标题"标签"控件移动位置到页面页眉节区，然后调整各个控件的布局和大小、位置以及对齐方式等。

（6）修正报表页面页眉节和主体节的高度，以合适的尺寸容纳其中包含的控件。

（7）选择"插入"菜单中的"页码"选项，打开"页码"对话框，选择格式为"第 N 页"，位置为"页面底端"，即可在页面页脚节区插入页码项，具体如图 7T-8 所示。

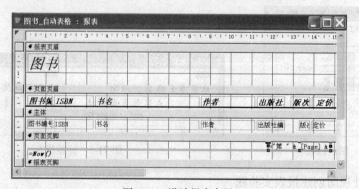

图 7T-8 设计报表布局

（8）利用"打印预览"工具查看报表显示，如图 7T-9 所示，然后以"图书信息表"命名来保存报表文件。

图 7T-9　设计报表预览显示（局部）

以后需要时，可以随时打开这个"图书信息表"，显示或打印有关图书信息的报表。

3．报表排序实验题。

对于上题（第 2 题）设计的图书信息报表，在报表设计中按照图书编号由小到大进行排序输出。

【参考操作步骤】（参阅教材第 7 章例 7-6）。

（1）在"设计"视图打开"图书信息表"报表，即在数据库窗口的"报表"对象下打开"图书信息表"报表，在"视图"菜单下进入"设计视图"。

（2）选择"视图"→"排序与分组"命令，或单击工具栏上的"排序与分组 "按钮打开"排序与分组"对话框，如图 7T-10 所示。

（3）在对话框中，选择排序字段为"图书编号"及排序次序为"升序"。如果需要可以在第二行设置第二排序字段，依次类推设置多个排序字段。当设置了多个排序字段时，先按第一排序字段值排列，字段值相同的情况下再按第二排序字段值排序记录，以次类推。

图 7T-10　"排序与分组"对话框

（4）单击工具栏上"打印预览"按钮，对排序数据进行浏览，结果如图 7T-11 所示。

图 7T-11　报表预览

（5）将设计的报表保存。

4．报表分组统计实验题。

对于图书销售.mdb 中的员工表组成的报表按照职务进行分组统计。

【参考操作步骤】（参阅教材第 7 章例 7-7）。

（1）打开数据库文件"图书销售.mdb"，并启动报表"设计"视图。

（2）在报表"设计"视图中创建一个空白报表，设置其数据源为"员工"表，然后将"工号"、"姓名"、"性别"、"部门号"、"职务"和"薪金"拖动至报表，再将文本框和附加标签分别移动到报表主体和页面页眉节区里，如图 7T-12 所示。

（3）单击"视图"菜单的"排序与分组"菜单命令，或者单击工具栏上的"排序与分组"按钮，打开"排序与分组"对话框。

（4）在"排序与分组"对话框中，单击"字段与表达式"列的第一行，选择"职务"字段作为分组字段，保留排序次序为"升序"。

（5）在"排序与分组"对话框下部设置分组属性，如图 7T-13 所示。"保持同页"属性设置为"不"，以指定打印时组页眉、主体和组页脚不在同页上；若设置为"整个组"，则组页眉、主体和组页脚回打印在同一页上。

图 7T-12　员工信息报表

图 7T-13　报表分组属性设置

（6）设置完分组属性之后，会在报表中添加组页眉和组页脚两个节区，分别用"职务页眉"和"职务页脚"来标识；将主体节内的"职务"文本框移动至"职务页眉"节，并设置其格式：字体为"宋体"，字号为 12 磅。

分别在"职务页脚"节和报表页脚节内添加一个"控件源"为计算该种职务人数表达式的绑定文本框及相应附加标签；在页面页脚节，添加一个绑定文本框以输出显示报表页码信息，如图 7T-14 所示。

（7）单击工具栏上的"打印预览"按钮，预览上述分组数据，如图 7T-15 所示，从中可以看到分组显示和统计的效果。

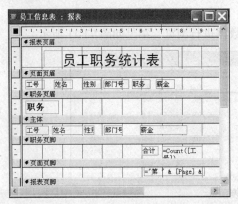

图 7T-14　设置"组页眉"和"组页脚"节区内容

图 7T-15　用职务字段分组报表显示（局部）

（8）命名保存报表。

5．在已有报表中创建子报表实验题。

创建一个图书销售.mdb 中的图书表组成的图书信息报表，并以此为主报表，在其中增添出版社信息子报表。

【参考操作步骤】（参阅教材第 7 章例 7-8）。

（1）创建数据源为"图书"的主报表，具体操作步骤为如下。

① 启动报表"设计"视图：打开数据库文件"图书销售.mdb"，进入"报表"对象环境，单击"新建"按钮，选择"设计视图"项并设置其数据源为"图书"表，确定，这就创建起一个空白报表。

② 在报表页眉建立"图书"标签。

③ 在报表"设计"视图中，将"ISBN"、"书名"、"作者"、"出版社编号"、"版次"、"出版时间"、"图书类别"和"定价"拖动至报表的主体。

④ 适当调整主报表的空间布局和纵向外观显示，将文本框和附加标签分别移动到报表主体和页面页眉节区里，注意预留子报表区域。

⑤ 选择页面页脚区，选择"插入"→"页码"命令，插入页码信息。

整体布局如图 7T-16 所示。

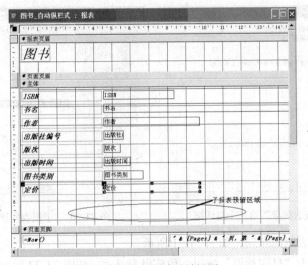

图 7T-16　主报表设计视图

（2）在"设计"视图内，确保工具箱已经显示出来，并使得"控件"向导按钮按下，然后单击工具箱中的"子窗体/子报表"按钮▣▣。

（3）在子报表的预留插入区选择一个插入点，这时屏幕会显示"子报表向导"第一个对话框，如图 7T-17 所示。在该对话框中选择子报表的数据来源，选择"使用现有的表和查询"选项，单击"下一步"按钮。

（4）显示如图 7T-18 所示的"子报表向导"第二个对话框，在此选择子报表的数据源表或查询，再选定子报表中包含的字段，可以从一个或多个表或查询中选择字段。

这里，将出版社表中的出版社名、地址、联系电话和联系人作为子报表的字段选入"选定字段"列表中，单击"下一步"按钮。

（5）显示如图 7T-19 所示的"子报表向导"第三个对话框，在此确定主报表与子报表的链接字段，可以从列表中选择，也可以用户自定义。

这里，选取"从列表中选择"选项，并在下面列表项中选择"对图书表中的每个记录用出版社编号显示出版社"表项，单击"下一步"按钮。

（6）显示如图 7T-20 所示的"子报表向导"第四个对话框，在此为子报表指定名称。这里，命名子报表为"出版社信息子报表"，单击"完成"按钮。

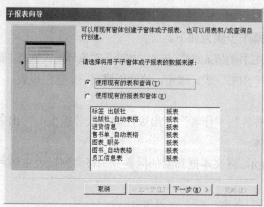

图 7T-17 "子报表向导"第一个对话框

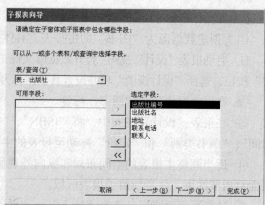

图 7T-18 "子报表向导"第二个对话框

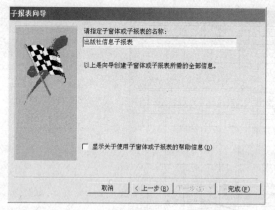

图 7T-19 "子报表向导"第三个对话框

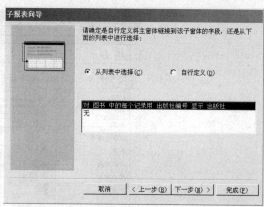

图 7T-20 "子报表向导"第四个对话框

（7）重新调整报表版面布局，如图 7T-21 所示。

（8）单击工具栏上"打印预览"按钮，预览报表显示，如图 7T-22 所示。

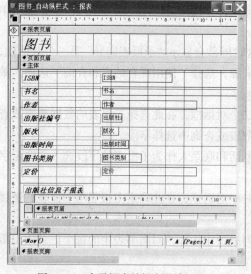

图 7T-21 含子报表的报表设计视图

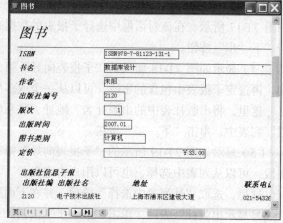

图 7T-22 预览主报表/子报表

（9）命名保存报表。

第8章
页对象

8.1 学 习 指 导

　　页是数据页（Data Page）的简称，在 Access 中也称为数据访问页。数据页是 Access 的一种对象。与其他对象不同的是，数据页是 Access 发布的网页，通过 Access 建立的页对象不是保存在 Access 数据库中，而是每个数据页都单独保存为一个网页文件，即.htm 文件，可以在浏览器下打开和查看。数据页是 Access 中唯一以独立的文件形式保存的数据库对象。

　　本章主要介绍数据页的基本知识。

　　注意，Access 的"数据页"的功能要求你的 Access 2003 必须是完整版的系统，任何专业版、精简版、4功能版等都不能全面支持；而且完整版必须完全安装，不要典型安装、最小安装等，同时要求 Windows XP 及以上版本功能齐全。否则，页的很多功能将无法实现。

1. 学习目的

　　页即数据页，是 Access 数据库 7 个组成对象之一。

　　通过本章的学习，首先要了解数据页的基本概念，然后掌握如何创建数据页、对页进行编辑的方法及访问数据页的操作技术，最后学习和了解如何添加超链接的方法和技术。

2. 学习要求

　　数据页是 Access 中唯一以独立的文件形式保存的数据库对象。数据页可以在 Access 中的页面视图显示，也可以在 IE 等浏览器中查看，符合当前 Web 应用不断发展的趋势。

　　数据页事实上是由 HTML 语言和脚本语言加上数据库连接组成的 Web 页面。本章比较概括的介绍了数据页的概念，数据页的创建方法，包括向导、快速自动创建和设计视图。在此基础上，简要介绍了几种常用控件的使用，以及在表、窗体、数据库页中插入超链接的方法。

　　本章为学习者提供了基本知识的指导，读者若希望深入了解数据访问页的应用方法，应该进一步学习关于网页设计的知识，学习 HTML 语言和脚本语言等。

8.2 习 题 解 答

　　1. 简述 Access 数据页的实质。

　　【参考答案】Access 数据页（Data Page）简称为页，也称为数据访问页，是 Access 数据库的对象之一。与其他对象不同的是，数据页是 Access 发布的网页，通过 Access 建立的页对象不是保存在 Access 数据库中，而是每个数据页都单独保存为一个网页文件。

2. 简述页的应用。

【参考答案】使用数据页的主要用途与窗体基本相似，特点是使用网页的界面风格。可以在页中：

（1）显示数据库中的数据。

（2）提供交互式数据操作界面。

（3）可以进行数据分析。

3. 有几种方式创建数据页？

【参考答案】

第一，数据页向导创建页。这是通过向导的方式创建，可以快速地建立数据页。

第二，自动创建数据页。这是另外一种快速创建数据页的方法。

第三，设计视图创建数据页。使用"设计视图"创建数据页，是功能最强大的方法。

4. 简述常见控件中的文本框的应用。

【参考答案】文本框是数据页中非常常用的控件。大部分表的字段都与文本框绑定在一起显示。另外，如果用户需要在数据页中输入信息，也可以通过文本框。

文本框可以绑定表的字段。当在设计视图中将字段拖到数据页中时，一般会自动在页上生成一个文本框。同时在其前面会放置一个联动的标签，可以在标签中输入关于文本框的说明文字。

5. 如何设置文本框？

【参考答案】直接设置文本框，选中工具箱的文本框按钮**ab**，然后在数据页中需要放置文本框的地方拖动鼠标，画出一个大小合适的矩形，这时，可以放置一个文本框及其联动的标签。如果要绑定字段，也可以在属性对话框中的"数据"选项卡中的"controlsource"项中定义。

6. 滚动文字控件有什么作用？如何将滚动文字控件与字段绑定在一起？

【参考答案】在数据页中放置能够自动滚动文字的文字条是目前比较常用的一种手段，可以播放即时新闻、广告等，俗称"字幕"。滚动文字可以吸引用户的注意力。

通过设置滚动文字控件，可以设置文字的滚动方向、速度和移动类型等。滚动文字控件也可以与字段绑定，以滚动方式显示字段的内容。

如果要将滚动文字控件与字段绑定，例如，将"出版社"表的"地址"字段与滚动文字控件绑定，基本操作如下。首先将出版社表的其他需要显示的字段设置好，然后将滚动文字控件放置在合适的位置，单击右键，单击"元素属性"命令弹出滚动文字控件的"属性"对话框。在"属性"对话框中的"数据"选项卡中"ControlSource"属性中的下拉列表中选中"地址"字段，关闭对话框，这样，地址就会以滚动文字的方式显示。

7. 超链接的作用是什么？

【参考答案】超链接是 Web 的基础和特征。通过单击超链接，可以在网页中跳转到其他页面，从而实现信息的互相关联。

8. 如何在窗体中将标签设置为超链接？

【参考答案】在窗体或报表设计时，可以在窗体或报表的控件中添加超链接。一般标签、文本框、图像等控件上可以建立超链接。

例如，要在一个窗体的某个标签控件上添加超链接。首先将标签控件放置在窗体上，输入标签的文字。然后，单击右键，在快捷菜单中选择"属性"单击，打开"属性"对话框，在"格式"

选项卡"超链接地址"属性单击▣按钮，启动"插入超链接"对话框，在其中输入超链接地址即可，这时，标签文字可自动作为提示文字。

8.3　实验题解答

1. 实验题。应用向导方式创建表的数据访问页（本实验题的完成，要求 Access 必须是完整功能的版本）。

给定"图书销售"数据库文件图书销售.mdb,库中有表：部门、出版社、进书单、进书细目、售书单、售书细目、图书、员工。请用向导方式创建部门和员工表的数据访问页。

【实验步骤参考答案】（参阅教材上例 8-1）

在"图书销售"的数据库窗口单击页对象，如图 8T-1 所示。单击"新建"命令，启动"新建数据访问页"对话框，如图 8T-2 所示。

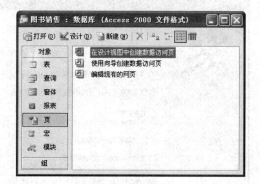

图 8T-1　页对象窗口

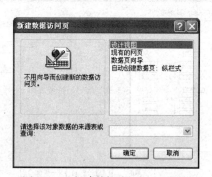

图 8T-2　"新建数据访问页"对话框

选中"数据页向导"，单击"确定"按钮，弹出图 8T-3 所示的"数据页向导"第一个对话框。或者在页对象窗口中双击"使用向导创建数据访问页"，直接弹出"数据页向导"对话框一。

在对话框一中的"表/查询"下拉列表中选择数据源。数据源是数据库中的表或者保存后的查询。选中表或查询后，下部的"可用字段"列表框中列出选中表或查询的字段。

单击">"按钮，将选中的字段放置到右边"选定的字段"列表中。若单击">>"按钮，会将列出的字段全部放置到"选定的字段"列表中。

若不需要某个选中的字段，在"选定的字段"下选中，单击"<"按钮撤销选定。

如果要显示的字段涉及多个表或查询，那么在一个表或查询设置完毕后，可以继续选择另外的表或查询。本例首先选择"部门"表，选定"部门名"字段，然后选择员工表，选择相应字段。

然后，单击"下一步"按钮，弹出"数据页向导"对话框二，如图 8T-4 所示。

在对话框二中确定分组字段和分组级别。如果按照所有的字段统一输出，则无需分组字段。如图 8T-4 所示指定"部门名"为分组字段，这里只有一个级别的分组，数据页显示数据时，将按照部门号字段值相等的原则进行分组。如果要更改分组原则，单击"分组选项"按钮，可以重新指定分组方法。

单击"下一步"按钮，弹出"数据页向导"对话框三，如图 8T-5 所示。

向导产生的"数据页"一页显示一条记录，因此，对话框三用来对于确定显示记录的排序依据。最多可以选择四个字段参与排序。图 8T-5 中确定按照"工号"的升序原则依次显示记录。

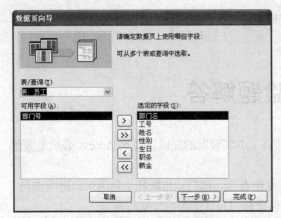

图 8T-3 "数据页向导"对话框一　　　　　图 8T-4 "数据页向导"对话框二

单击"下一步"按钮，弹出"数据页向导"对话框四，如图 8T-6 所示。

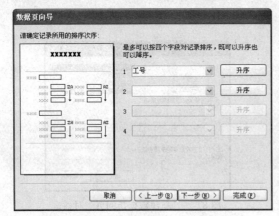

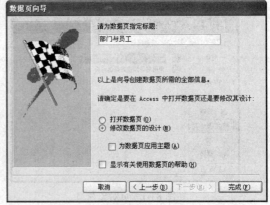

图 8T-5 "数据页向导"对话框三　　　　　图 8T-6 "数据页向导"对话框四

在该对话框中，为数据页输入标题文字"部门与员工"。当设置完成后，选择"打开数据页"单选按钮，单击"完成"按钮，就将进入"页"视图显示数据页。图 8T-7 所示是向导完成的"部门与员工"数据页。

在该数据页中，员工记录按照"部门名"进行分组，"部门名"下的（+/−）号是"展开/折叠"按钮。下部有两行浏览工具栏。最下面的浏览工具栏是针对分组字段"部门名"的，其上工具栏则针对每组内的员工记录。员工记录都显示在文本框内，用户可以浏览和修改。

若在图 8T-6 所示的对话框四中选择"修改数据页的设计"单选按钮，单击"完成"按钮，将进入"设计"视图，如图 8T-7 所示，可以对向导的设计进行修改。另外，在显示数据页的时候，通过切换，也可以进入页的设计视图对数据页进行修改。

关闭数据页，Access 会询问是否保存数据页的设计。回答"是"，可以命名保存数据页。另外单击工具栏"保存"按钮，同样可以命名保存。数据页保存在数据库之外，本向导产生的页文件扩展名为 htm。保存后，在数据库窗口的页对象窗口中保存该页的快捷方式。

2. 应用设计视图，创建显示售出图书信息的数据访问页。（本实验题的完成，要求 Access 必须是完整功能的版本）

给定"图书销售"数据库文件图书销售.mdb,库中有表：部门、出版社、进书单、进书细目、售书单、售书细目、图书、员工。

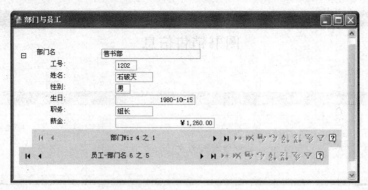

图 8T-7　部门与员工数据页

【实验步骤参考答案】（参阅教材上例 8-2）

图书售出信息涉及售出单、售出细目、图书、出版社。首先建立一个售出信息的查询。查询的设计视图如图 8T-8 所示。

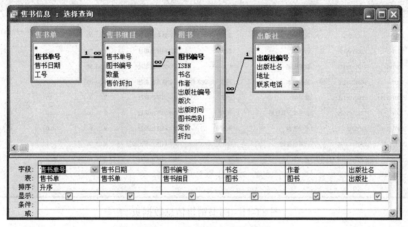

图 8T-8　售书信息查询设计

将该查询命名为"售书信息"保存。

然后，进入数据库窗口的页对象窗口。启动设计视图，同时显示字段列表。展开字段列表的"查询"项，在"售书信息"上右击，弹出如图 8T-9 所示的"版式向导"对话框，选中"列表式"单选按钮，单击"确定"按钮，在设计视图中自动弹出列表方式的页，如图 8T-10 所示。

图 8T-9　版式向导对话框

在标题处输入"图书销售信息"，然后通过工具栏"视图"切换到"页面视图"，可以看到设计的数据页的显示结果，如图 8T-11 所示。

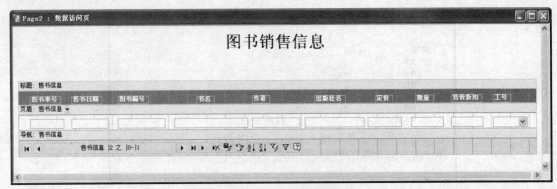

图 8T-10 列表式数据页设计

图 8T-11 图书销售信息数据页

单击工具栏的"保存"按钮，弹出"保存"对话框，如图 8T-12 所示，命名保存。

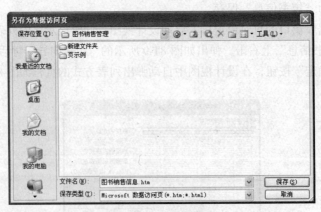

图 8T-12 数据页保存

如果要将上述数据页进行分组，在图 8T-11 中，选中"售书单号"对应的文本框，右击，选择"升级"命令，则在原页眉上部新增加一个节。

然后选中"售书日期"标签，移动到售书日期文本框旁边，选中该文本框，同时将"售书日期"移动到新的节中，移动之后，字段名标签会增加"分组的"文字，两次单击，进入标签，删除该文字。用同样方式将"工号"移动到新节中，如图 8T-13 所示。

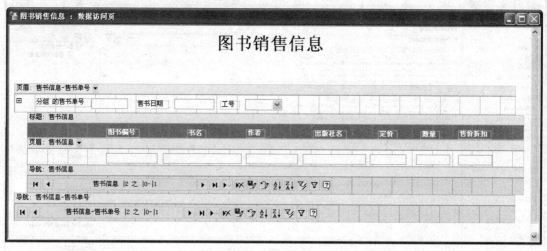

图 8T-13　分组的数据页设计

切换到"页面视图"，可以看到，在数据页中显示的是售书单的信息，单击展开按钮"+"，就可以看到不同的"售书单号"分栏显示，如图 8T-14 所示。

图 8T-14　分级的数据页显示

这种设计对于查询分级信息有帮助。

在标题栏上单击右键，选择"Microsoft 脚本编辑器"命令，弹出如图 8T-15 所示的脚本编辑器窗口。可以看出，数据页事实上是利用 HTML 语言和脚本语言设计的。因此，要做到充分发挥数据页的功能和作用，必须熟悉网页设计知识，熟悉 HTML 和脚本语言。

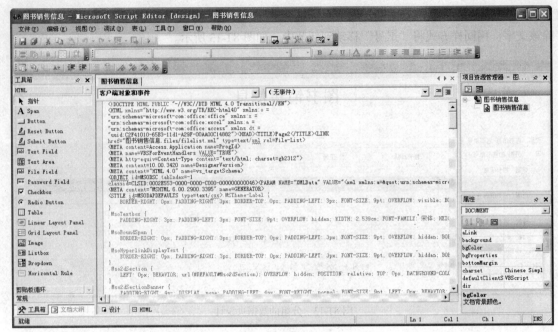

图 8T-15 脚本编辑器

3. 在表中插入和编辑超链接。（本实验题的完成，要求 Access 必须是完整功能的版本）

给定"图书销售"数据库文件图书销售.mdb，库中有表：部门、出版社、进书单、进书细目、售书单、售书细目、图书、员工。请在出版社表中的清华大学出版社中超链接该社的网址。

【实验步骤参考答案】（参阅教材上例 8-3）

进入图书销售数据库窗口，打开"出版社"表的设计窗口，在表中增加一个"网站"的超链接地址，如图 8T-16 所示。

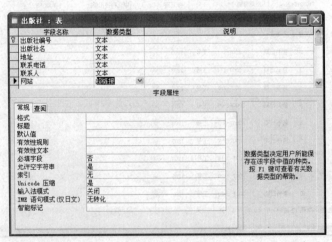

图 8T-16 修改表

保存修改，然后进入表的数据视图。在"清华大学出版社"行的"网站"字段上，选择"插入"→"超链接"命令，弹出"插入超链接"对话框，如图 8T-17 所示。

在下面的"地址"栏输入"http://www.tup.com.cn"，这时，上面的提示文本框自动将该地址作为显示文本。在文本框内输入"清华大学出版社网站"作为显示的提示文本。

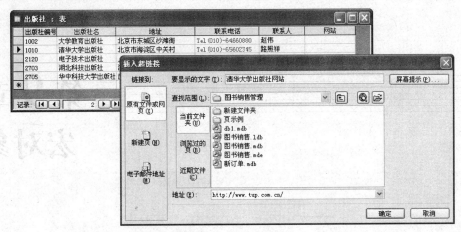

图 8T-17　插入超链接

　　单击"确定"按钮，在表中就加入了清华大学的网站超链接。单击该链接，如果网络联通，就可以加入清华大学出版社的网站。

　　如果需要修改超链接，到数据表视图中指向该超链接并右击，在快捷菜单中选择"超链接"→"编辑超链接"命令，就打开了与"插入超链接"对话框类似的对话框，修改相应的值即可。

第9章
宏对象

9.1 学 习 指 导

宏是 Access 数据库操作系列的集合，是 Access 的对象之一，其主要功能就是使操作自动进行。使用宏，用户不需要编程，只需利用几个简单宏操作就可以将已经创建的数据库对象联系在一起，实现特定的功能。

本章主要介绍 Access 宏的基本知识。

1. 学习目的

宏是 Access 数据库 7 个组成对象之一。

学习本章，要了解宏的基本概念，掌握宏、条件宏及宏组的创建，还有宏的运行与调试方法。

2. 学习要求

本章主要介绍 Access 中宏的概念、宏的创建及宏的运行。

宏是由一个或多个操作组成的集合，其中的每个操作都能自动地实现某个特定的功能。执行宏时，自动执行宏中的每一条宏操作，以完成特定任务。

Access 的宏可以是包含操作序列的宏，也可以是由若干个宏组成的宏组，还可以使用条件表达式来决定在什么情况下运行宏，即条件宏。

宏既可以在数据库的"宏"对象窗口中创建，也可以在为窗体或报表的对象创建事件行为时创建。

当创建了一个宏后，需要对宏进行运行与调试。可以使用单步执行宏来对所创建的宏进行调试，以观察宏的流程和每一个操作的结果，便于发现错误。运行宏时可以直接利用"运行"的命令来执行相应的宏，但大多数情况下是将宏附加到窗体、报表或控件中，以对事件作出响应。

9.2 习 题 解 答

1. 什么是宏？宏的主要功能是什么？

【参考答案】宏是由一个或多个操作组成的集合，其中的每个操作都能自动地实现某个特定的功能。

使用宏，可以实现以下操作。

（1）打开或关闭数据库对象。

（2）设置窗体或报表控件的属性值。

（3）建立自定义菜单栏。

（4）通过工具栏上的按钮执行自己的宏或者程序。

（5）筛选记录。

（6）在各种数据格式之间导入或导出数据，实现数据的自动传输。

（7）显示各种信息，并能使计算机扬声器发出报警声，以引起用户注意。

2．在 Access 中，宏的操作都可以在模块对象中通过编写 VBA（Visual Basic for Application）语句来达到相同的功能。选择使用宏还是 VBA，主要取决于所要完成的任务。

请说明哪些操作处理应该用 VBA 而不要使用宏。

【参考答案】当要进行以下操作处理时，应该用 VBA 而不要使用宏。

（1）数据库的复杂操作和维护。

（2）自定义过程的创建和使用。

（3）一些错误处理。

3．Access 的宏分为哪 3 类？简要说明。

【参考答案】Access 的宏分为操作序列宏、宏组和条件宏 3 类。

（1）操作序列宏是由一系列的宏操作组成的序列。每次运行该宏时，都将顺序执行这些操作。

（2）宏组是将相关的宏保存在同一个宏对象中，使它们组成一个宏组，这样将有助于对宏的管理。

（3）条件宏带有条件列，通过在条件列指定条件，可以有条件地执行某些操作。如果指定的条件成立，将执行相应一个或多个操作；如果指定的条件不成立，将跳过该条件所指定的操作。

4．简述创建宏组的具体操作步骤。

【参考答案】创建宏组的具体操作如下。

（1）在"数据库"窗口中，选择"宏"对象，在"宏"对象窗口中单击"新建"按钮。

（2）打开"宏"设计视图，选择"视图"→"宏名"命令，或单击工具栏"宏名"按钮，在"宏"设计窗口中添加一个"宏名"列。

（3）在"宏名"列内，输入宏组中第一个宏的名字。

（4）在"操作"列中选择所需的操作。

（5）如果希望在宏组内包含其他的宏，请重复第（3）和（4）步，指定宏名和建立相应的操作。

（6）命名并保存设计好的宏。注意，保存宏组时，指定的名字是宏组的名字。这个名字也是显示在"数据库"窗口中的宏对象列表的名字。

（7）命名并保存设计好的宏。注意，保存宏组时，指定的名字是宏组的名字。这个名字也是显示在"数据库"窗口中的宏对象列表的名字。

5．调试宏的方法中，使用单步执行宏，可以观察宏的流程和每一个操作的结果，便于发现错误。请说明对宏进行单步执行的操作步骤。

【参考答案】

对宏进行单步执行的操作步骤如下。

（1）选中要单步执行的宏，单击"设计"按钮，打开相应的宏。

（2）单击工具栏上的"单步"按钮，如图 9T-1 题。

图 9T-1 题　单步方式调试宏

（3）单击工具栏上的"运行"按钮，显示"单步执行宏"对话框。

（4）在"单步执行宏"对话框中，单击"单步执行"按钮，执行"操作名称："下面显示的操作；单击"停止"按钮，则停止宏的运行并关闭对话框；单击"继续"按钮，则关闭单步执行，并执行宏的未完成部分。

在单步执行宏时，"单步执行宏"对话框中列出了每一步所执行的宏操作"条件"是否成立及操作名称和操作参数。通过观察这些内在的结果，可以得知宏操作是否能预期执行。

9.3　实验题解答

1. 给定"图书销售"数据库文件图书销售.mdb,库中有表：部门、出版社、进书单、进书细目、售书单、售书细目、图书、员工。请创建一个能复制"图书"表的宏，要求单击"图书"窗体，就能调用该宏复制出"图书 A"表。

【实验步骤参考答案】（参阅教材例 9-1）

设计操作步骤如下。

（1）打开"图书销售"数据库窗口，单击"宏"对象，再单击"新建"按钮，打开宏设计视图。

（2）设置宏操作及操作参数。内容包括：

① 在"操作"列的第一行中选择 MsgBox，"注释"列中输入：为复制显示一个信息框。设置操作参数，"消息"栏中输入"按'确定'按钮复制'图书'表"，"标题"栏中输入"信息"。

② 在"操作"列的第二行中选择 CopyObject，"注释"列中输入"复制'图书'表"。设置操作参数，"新名称"栏中输入"图书 A"，"源对象类型"栏中选择"表"，"源对象名称"栏中选择"图书"。

③ 在"操作"列的第三行中选择 close，"注释"列中输入"关闭'图书'窗体"。设置操作参数，"对象类型"栏中选择"窗体"，"对象名称"栏中选择"图书"。

（3）保存宏，单击"保存"按钮，在"另存为"对话框中输入宏名"复制"。所设计的宏如图 9T 实验 1-1 所示。

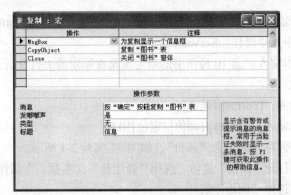

图 9T 实验 1-1 宏操作及操作参数设置

（4）为"图书"窗体的单击事件选定宏，"图书"窗体是前面设计好的对象窗体。

① 在"图书销售"数据库窗口，单击"窗体"对象，选择"图书"窗体，单击"设计"按钮，打开"图书"窗体。

② 在"窗体"的属性表中，选择"单击"事件，在"单击"事件栏右侧的下拉箭头中选择"复制"宏。

（5）运行宏。

① 在"图书销售"数据库窗口，单击"窗体"对象，选择"图书"窗体，单击"打开"按钮，在窗体视图中显示"图书"窗体。

② 单击"图书"窗体中记录选定器，则弹出信息框，如图 9T 实验 1-2 所示。单击"确定"按钮，将"图书"表复制生成"图书 A"表。

该例也可以用另一种方法创建宏。

2. 给定"图书销售"数据库文件图书销售.mdb，库中有表：部门、出版社、进书单、进书细目、售书单、售书细目、图书、员工。请先创建一个"调价"窗体，再创建一个修改新价格的宏，要求对图书表中的前 10 种图书在原价格的基础上打 9 折。"调价"窗体如图 9T 实验 2 题所示。

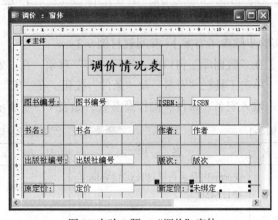

图 9T 实验 1-2　信息框　　　　图 9T 实验 2 题　　"调价"窗体

【实验步骤参考答案】（参阅教材例 9-2）

（1）在"数据库"窗口中，选择"宏"对象，在"宏"对象窗口中单击"新建"按钮。

（2）单击工具栏"条件"按钮，在"宏"设计窗口中添加一个"条件"列。

（3）创建条件宏，操作如下。

① 在"条件"列中输入条件表达式：[CurrentRecord]<=10。（注：CurrentRecord 表示当前记录号）

② 在"操作"列中选择操作：SetValue。

③ 在"注释"列中输入：前 10 种图书的新定价是在原定价上打 9 折。

（4）设置操作参数。

① "项目"栏中输入：[Forms]![调价].[text9]。

② "表达式"栏中输入：[Forms]![调价].[定价]*0.9。

（5）将设计好的宏保存并命名为"调价"，如图 9T 实验 2-1 所示。

（6）在设计视图中打开"调价"窗体，选择"新定价"文本框，在属性表中选择"获得焦点"事件，单击下拉箭头，选择"调价"宏。

（7）在窗体视图中打开"调价"窗体时，"新定价"文本框中将显示打折后的新定价。

3. 给定"图书销售"数据库文件图书销售.mdb，库中有表：部门、出版社、进书单、进书细目、售书单、售书细目、图书、员工。

请先创建一个"登录系统"窗体，然后为"登录系统"窗体创建一个宏组，要求宏组中包括：一个宏名为"确定"的宏，功能为当密码输入正确时，显示信息框"欢迎进入图书销售管理系统"，并打开"图书销售系统切换面板"窗体；如果密码输入不正确，显示信息框"密码输入错误"。另一个宏名为"退出"，功能为关闭"登录系统"窗体。"登录系统"窗体如图 9T 实验 3 题所示。

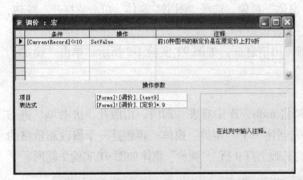

图 9T 实验 2-1　"调价"宏　　　　　　图 9T 实验 3 题　"登录系统"窗体

【实验步骤参考答案】（参阅教材例 9-3）

（1）在"数据库"窗口中，选择"宏"对象，在"宏"对象窗口中单击"新建"按钮。

（2）单击工具栏"宏名"及"条件"按钮，在"宏"设计窗口中添加"宏名"及"条件"列。

（3）输入宏名、条件、操作及参数，如表 9T3-1 所示。

表 9T3-1　　　　　　　　　　　"登录系统"宏的操作及参数设置

宏　名	条　件	宏操作	操作参数
确定	[Forms]![登录系统].[Text2].[Value]="123456"	MsgBox	消息：欢迎进入图书销售管理系统 标题：登录
	...	OpenForm	窗体名称：图书销售管理切换面板 视图：窗体
	[Forms]![登录系统].[Text2].[Value]<>"123456"	MsgBox	消息：密码输入错误！ 标题：提示
退出		Close	对象类型：窗体 对象名称：登录系统

（4）将设计好的宏保存并命名为"登录系统"，如图 9T3-1 所示。

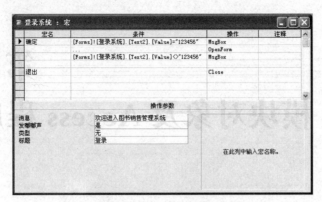

图 9T3-1　"登录系统"宏

（5）在设计视图中打开"登录系统"窗体，为命令按钮设置事件。

① 选择"确定"按钮，在属性列表中选择"单击"事件，单击下拉箭头，选择"登录系统.确定"宏。

② 选择"退出"按钮，在属性列表中选择"单击"事件，单击下拉箭头，选择"登录系统.退出"宏。

（6）在窗体视图中打开"登录系统"窗体，当输入的密码为：123456，单击"确定"按钮，这时将出现信息框，单击信息框的"确定"按钮，打开"图书销售管理切换面板"窗体，如图 9T3-2 所示。

图 9T3-2　"登录系统"窗体运行结果

如果输入的密码不是 123456，将出现密码错误信息框。

第 10 章
模块对象及 Access 程序设计

10.1 学 习 指 导

模块对象是 Access 的对象之一。

对于 Access 的大多数应用来说，前面介绍的对象已经能够很好地完成。但是，对于一些比较复杂的数据处理，仅利用现有的手段就不够了，用户需要在数据处理的过程中编写一些程序代码，即组织模块对象。

模块是利用程序设计语言编写的命令集合，运行模块能够实现数据处理的自动化。在 Access 中，通过"模块"对象，可以实现编写程序的功能。Access 采用的程序设计语言是 VBA（Visual Basic for Application）。在 Access 中，设计模块就是利用 VBA 进行程序设计。

本章我们学习使用 VBA 语言进行程序设计和数据处理的有关知识。

1. 学习目的

模块是 Access 数据库 7 个组成对象之一，也是我们所要介绍 7 个对象的最后一个。

模块是与 VBA 程序设计分不开的。本章你将会看到，Access 的模块就是使用 VBA 语言编写的、为完成特定任务的命令代码集合，这就是 Access 程序设计。

通过学习本章，要清楚模块对象的基本概念、VBA 语言及编写模块的工具 VBE；要掌握的主要是 Access 程序设计即 VBA 编程基础，包括结构化程序设计及面向对象程序设计，以及数据库访问基础（ADO）。

2. 学习要求

本章介绍 Access 模块的基本功能。模块是数据库对象，用来实现数据库处理中比较复杂的处理功能。模块是通过 VBA 语言来实现的，VBA 是 Microsoft Office 内置编程语言。

VBA 是基于 VB 的程序语言。VBA 的主要类型包括字节型、布尔型、整型、长整型、单精度型、双精度型、货币型、小数型、字符型、对象型、变体型和用户自定义型。

VBA 中的数据表示分为常量和变量。运算通过表达式进行。由常量、变量、函数和运算符组成的式子被称为表达式。按照运算符的不同，表达式也可以分为 5 种类型：算术表达式、字符串表达式、关系表达式、逻辑表达式和日期表达式。

程序是处理某个问题的命令的集合。VBA 程序由模块组成。每一个模块包含声明部分和若干个过程。过程可分为 Sub 过程、Function 函数。Sub 过程主要用于实现某个功能；Function 函数主要用于求值，要求返回函数计算的结果。

按照结构化程序设计方法，每个过程只需要使用顺序结构、分支结构和循环结构 3 种流程结构。在一个过程中可以调用其他过程。在调用过程或函数时可传递参数，参数的传递方式有传值方式和传址方式两种。

过程或变量的可被访问的范围被称为过程或变量的作用域。过程的作用域分为模块级和全局级，变量的作用范围可以分为局部变量、模块变量和全局变量。

开发 VBA 的环境是 VBE，在 VBE 中输入的代码将保存在 Access 的模块中，通过"事件"来启动模块并执行模块中的代码。

VBE 包含多个窗口，其中最重要的是"代码窗口"，在"代码窗口"中输入代码。

VBA 采用了面向对象程序设计的方法，将对象作为程序的基本单元，将程序和数据封装其中。程序是由事件来驱动，每个对象都能够识别系统预先定义好的特定事件。当事件被激活时，执行预先定义在该事件中的代码。

使用 ADO 可以建立 VBA 程序与数据库之间的连接，允许对数据库进行操作。其访问数据库中数据步骤的可以分为：定义 Connection 对象建立与数据源的连接；使用 Command 对象向数据源发出数据操作命令；使用 recordset 对象提供的方法，查询记录，或者对记录集进行更新、添加、删除记录等操作；最后断开与数据源的连接。

10.2 习 题 解 答

一、名词解释。

1. ADODB。

【参考答案】是 VBA 访问数据库的方法技术 ADO 类库的名称。编程时放在 Connection 对象名前。

2. Connection。

【参考答案】VBA 访问数据库的方法技术 ADO 对象模型中最主要的 3 个对象之一。用来建立应用程序和数据源之间的连接，是访问数据源的首要条件。

3. ADO 类库。

【参考答案】ADO 采用面向对象的方法设计，在 ADO 中提供了一组对象，各对象完成不同的功能，用于响应并执行数据的访问和更新请求。各个对象的定义被封装在 ADO 类库中。因此，在 Access 中要使用 ADO 对象，需要先引用 ADO 类库。

4. Command。

【参考答案】VBA 访问数据库的方法技术 ADO 对象模型中最主要的 3 个对象之一。用来将处理数据库的 SQL 语句（如 SELECT、INSERT 等）传送到数据库中，数据库执行传递的语句。

5. Recordset。

【参考答案】VBA 访问数据库的方法技术 ADO 对象模型中最主要的 3 个对象之一。用来将处理数据库的结果保存在本对象的记录集中，然后传回到高级语言，这样，VBA 就可以处理相应的数据了。

6. Errors。

【参考答案】ADO 提供的 4 个对象集合之一。Errors 集合包含在 Connection 对象中，负责记录存储一个系统运行时发生的错误或警告。

7. Parameters。

【参考答案】ADO 提供的 4 个对象集合之一。Parameters 集合包含在 Command 对象中，负责记录程序中要传递参数的相关属性。

8. Fields。

【参考答案】ADO 提供的 4 个对象集合之一。Fields 集合包含在 Recordset 和 Record 对象中。本集合主要提供一些方法和属性，包括 Count 属性、Refresh 方法、Item 方法等。

9. Properties。

【参考答案】ADO 提供的 4 个对象集合之一。Connection、Command、Recordset 对象都具有 Properties 集合。本集合主要用来记录相应 ADO 对象的每一项属性值，包括了 Name 属性、Value 属性、Type 属性、Attributes 属性等。

二、问答题

1. 什么是模块？Access 模块对象的主要功能是什么？

【参考答案】模块是利用程序设计语言编写的命令集合，运行模块能够实现数据处理的自动化。在 Access 中，通过"模块"对象，可以实现编写程序的功能。Access 采用的程序设计语言是 VBA。在 Access 中，设计模块，就是利用 VBA 进行程序设计。

2. 试述程序与程序设计的概念。

【参考答案】使用设计好的某种计算机语言，用一系列语言的语句或命令，将一个问题的计算和处理过程表达出来，这就是程序。

程序是命令的集合。人们把为解决某一问题而编写在一起的命令系列及与之相关的数据称为程序。

编写程序的过程就是程序设计。计算机能够识别并执行人们设计好的程序，来进行各种数据的运算和处理。

程序设计必须遵循一定的设计方法，并按照所使用的程序设计语言的语法来编写程序。

3. 目前主要的程序设计方法有哪两类？简要说明。

【参考答案】目前主要的程序设计方法有面向过程的结构化程序设计方法和面向对象的程序设计方法。其中，结构化程序设计方法也是面向对象程序设计的基础。

结构化程序设计遵循自顶向下和逐步求精的思想，采用模块化方法组织程序。结构化程序设计将一个程序划分为功能相对独立的较小的程序模块。一个模块由一个或多个过程构成，在过程内部只包括顺序、分支和循环 3 种程序控制结构。结构化程序设计方法使得程序设计过程和程序的书写得到了规范，极大地提高了程序的正确性和可维护性。

面向对象程序设计方法，是在结构化程序设计方法的基础上发展起来的。面向对象的程序设计以对象为核心，围绕对象展开编程。

4. 简述应用模块对象的基本步骤。

【参考答案】应用模块对象的基本步骤是如下。

（1）定义模块对象。在 Access 数据库窗口中，进入"模块"对象界面，然后调用模块编写工具 VBE，编写模块的程序代码，并保存为模块对象。

VBA 编写的模块由声明和一段段称为过程的程序块组成。有两种类型的程序块：Sub 过程和 Function 过程。过程由语句和方法组成。

（2）引用模块，运行模块代码。根据需要，执行模块的操作有如下几种。

① 在编写模块 VBE 的"代码"窗口中，如果过程没有参数，可以随时单击"运行"菜单中

的"运行子过程/用户窗体"，即可运行该过程。这便于程序编码的随时检查。

② 保存的模块可以在 VBE 中通过"立即窗口"运行。这便于检查模块设计的效果。

③ 对于用来求值的 Function 函数，可以在表达式中使用。例如，可以在窗体、报表或查询中的表达式内使用函数。也可以在查询和筛选、宏和操作、Visual Basic 语句和方法或 SQL 语句中将表达式用作属性设置。

④ 创建的模块是一个事件过程。当用户执行引发事件的操作时，可运行该事件过程。

例如，可以向命令按钮的"单击"事件过程中添加代码，当用户单击按钮时，可以执行这些代码。

⑤ 在"宏"中，执行 RunCode 操作来调用模块。RunCode 操作可以运行 Visual Basic 语言的内置函数或自定义函数。若要运行 Sub 过程或事件过程，可创建一个调用 Sub 过程或事件过程的函数，然后再使用 RunCode 操作来运行函数。

5. 简述 Access 模块的种类。

【参考答案】Access 模块有两种基本类型：类模块和标准模块。

类模块是含有类定义的模块，包含类的属性和方法的定义。窗体模块和报表模块都是类模块，而且它们各自与某一窗体或报表相关联。窗体和报表模块通常都含有事件过程，该过程用于响应窗体或报表中的事件。可以使用事件过程来控制窗体或报表的行为，以及它们对用户操作的响应，例如，单击某个命令按钮。

标准模块包含的是通用过程和常用过程，这些通用过程不与任何对象相关联，常用过程可以在数据库中的任何位置运行。

6. 什么是声明语句、赋值语句、执行语句？

【参考答案】声明语句 Dim 位于程序的开始处，用来命名和定义常量、变量和数组。

赋值语句用来为变量指定一个值或者表达式。

执行语句是程序的主体，用来执行一个方法或者函数，可以控制命令语句执行的顺序，也可以用来调用过程。

7. 简述结构化程序设计的三大结构。

【参考答案】三大结构是顺序、分支、循环结构。

顺序结构是程序中最基本的结构。程序执行时，按照命令语句的书写顺序依次执行。在这种结构的程序中，一般是先接受用户输入，然后对输入数据进行处理，最后输出结果。

分支结构是对事务作出一定的判断，并根据判断的结果采取不同的行为。

循环结构就是有一部分程序代码被反复执行。具有这种特征的程序结构称为循环结构。被反复的执行的这部分程序代码叫做循环体。

8. 简述过程调用中的参数传递。

【参考答案】参数传递的方式有两种：地址传递（传址）方式和值传递(传值)方式。

参数地址传递方式是指在传递参数时，调用者将实际参数在内存中的地址传递给被调用过程或函数。即实际参数与形式参数在内存中共用一个地址。事实上，地址传递方式让形式参数被实际参数替换掉。

值传递方式是指调用者在传递参数时将实际参数的值传递给形式参数，传递完毕后，实际参数与形式参数不再有任何关系。

在默认情况下，过程和函数的调用都是采用地址传递即传址方式。如果在定义过程或函数时，形式参数前面加上 ByVal 前缀，则表示采用值传递即传值方式传递参数。

9. 简述过程的作用域。

【参考答案】过程的作用域分为模块级和全局级。

模块级过程被定义在某个窗体模块或标准模块内部，在声明该过程时使用 Private（私有的）关键字。模块级过程只能在定义的模块中有效，只能被本模块中的其他过程调用。

全局级过程被定义在某个标准模块中，在声明该过程时使用关键字 Public（公共的）。全局级过程可以被该应用程序中的所有窗体模块或标准模块调用。

10. 简述变量的作用域。

【参考答案】根据变量的作用范围，变量可以分为局部变量、模块变量和全局变量。

局部变量被定义在某个子过程中，使用 Dim 关键字声明该变量。在子过程中未声明而直接使用的变量，即隐式声明的变量，也是局部变量。另外，被调用函数中的形式参数也是局部变量。局部变量的有效范围只在本过程内，一旦该过程执行完毕，局部变量将自动被释放。

模块变量被定义在窗体模块或标准模块的声明区域，即在模块的开始位置。模块变量的声明使用关键字 Dim 或者 Private。模块变量可以被其所在的模块中的所有过程或函数访问，其他模块不能访问。当模块运行结束，则释放该变量。

全局变量被定义在标准模块的声明区域，使用关键字 Public 声明该变量。全局变量可以被应用程序所有模块的过程或函数访问。全局变量在应用程序中的整个运行过程中都存在，只有当程序运行完毕才被释放。

11. 简述你对对象和对象集合的理解。

【参考答案】对象是构成程序的基本单元和运行实体。任何对象都具有它自己的静态的外观和动态的行为。对象的外观由它的各种属性值来描述，对象的行为则由它的事件和方法程序来表达。Access 数据库是由各种对象组成的，数据库本身是一个对象，而表、窗体、报表、页、宏、模块和各种控件也是对象。

对象的集合是由一组对象组成的集合。这些对象可以是相同的类型，比如，Forms 包含了Access 数据库当前打开的所有的窗体，也可以是不相同的类型，比如，每一个窗体 Form 都包含了一个控件的对象集合 Controls，而这些控件的类型可能不相同。对象集合也是对象，它为跟踪对象提供了非常有效的方法。可以对整个对象集合进行操作，比如，Forms.Count 可以返回当前所有打开的窗体的个数，也可以对对象集合中的一个对象进行操作，比如，Forms(0).Repaint 可以重画当前已打开的窗体中的第一个窗体。

12. 什么是对象的事件？谈谈你对对象事件的理解。

【参考答案】事件是一种特定的操作，在某个对象上发生或对某个对象发生的动作。Access可以响应多种类型的事件：鼠标单击、数据更改、窗体打开或关闭以及许多其他类型的事件。每个对象都设计并能够识别系统预先定义好的特定事件。比如，命令按钮可以识别鼠标的单击(Click)事件。事件的发生通常是用户操作的结果（当然也可以是由系统引发的，如窗体的 Timer 事件，就是按照指定的事件间隔由系统自动触发的），一旦用户单击了某个按钮，则触发了该按钮的Click 事件。程序由事件驱动。如果此时该事件过程内提供了需要进行的操作代码，则执行这些代码。用户在激活某个事件或某个对象时，使用的是一些命令如 DoCmd.openform（打开窗体）、InputBox()（接受输入信息）等。

13. 试写出 VBE 中 "调试" 工具栏上各命令按钮的名称及其功能。

【参考答案】"调试" 工具栏上各命令按钮的名称及其功能从左到右，依次如下。

（1）"设计模式" 按钮。用于打开或关闭设计模式。

（2）"运行"按钮。运行当前程序。当程序处于"中断"模式时，单击该按钮，继续运行程序至下一个"断点"或者程序结束处。

（3）"中断"按钮。在程序运行过程中，单击"中断"按钮，使程序进入中断模式。

（4）"重新设置"按钮。终止程序运行，使程序回到编辑状态。

（5）"切换断点"按钮。设置或删除当前行上的断点。

（6）"逐语句"按钮。使程序进入"单步执行"状态，即一次执行一个语句（系统将用黄色标识当前正在执行的语句）。当遇到调用过程语句时，则下一步将跳到被调过程中的第一条语句去执行。

（7）"逐过程"按钮。与"逐语句"类似。以单个过程为一个单位，每单击一下，则依次执行该过程内的一条语句。与"逐语句"不同时，如果遇到调用过程的语句，"逐过程"不会跳到被调过程的内部去执行，而是在本过程中继续单步执行。

（8）"跳出"按钮。跳出被调过程，返回到主调过程，并执行调用语句的下一行。

（9）"本地窗口"按钮。打开"本地窗口"。"本地窗口"内显示在中断模式下，当前过程中的所有变量的名称和值。

（10）"立即窗口"按钮。打开"立即窗口"。在中断模式下，可以在"立即窗口"中输入命令语句来查看当前变量或表达式的值。例如，当程序处于中断模式时，在"立即窗口"中输入"print *n*"，系统将返回此时变量 *n* 的值。

（11）"监视窗口"按钮。打开"监视窗口"，用来查看被监视的变量或表达式的值。在"监视窗口"中右击，选择快捷菜单中的"添加监视"命令，系统将弹出"添加监视"对话框。在这个对话框内可以输入一个监视表达式。

（12）"快速监视"按钮。在中断模式下，通过选择某个表达式或变量，然后单击"快速监视"按钮，系统将打开"快速监视"窗口，在窗口内部显示所选表达式或变量的值。

（13）"调用堆栈"按钮。当程序处于中断模式时，显示一个对话框，列出所有已经被调用但是仍未完成运行的过程。

14. 试述 DAO 与 ADO 的概念及区别。

【参考答案】为处理数据库，Access 程序设计语言 VBA 必须采用专门设计的数据库访问组件来访问数据库，才能完成数据库编程。DAO 和 ADO 就是访问数据库的方法技术。

最早 VBA 采用数据访问对象（DAO，Data Access　Object）访问数据库。使用 DAO 可以编程访问和使用本地数据库或远程数据库中的数据，并对数据库及其对象和结构进行处理。

目前，VBA 主要使用 ActiveX 数据访问对象（ADO，ActiveX　Data　Objects）来访问数据库。ADO 扩展了 DAO 的对象模型，它包含较少的对象、更多的属性和方法、以及事件。

目前我们主要使用当代的 ADO 技术。

15. 当代 VBA 访问数据库的主要技术是 ADO。试述 ADO 对象模型中最主要的 3 个对象。

【参考答案】ADO 对象模型中最主要的 3 个对象是：Connection 对象、Command 对象和 Recordset 对象，位于 ADO 的对象模型的最上层。

Connection 对象用来建立应用程序和数据源之间的连接，是访问数据源的首要条件。

Command 对象用来在建立连接以后，对数据库发出命令来执行某种操作。ADO 使用 Command 对象来表达和传递操作数据库的命令。

Recordset 对象用于存储从数据源中获得的数据，并且以行（记录）和列（字段）的形式保存。

16. 简述 VBA 访问数据库的基本的步骤。

【参考答案】VBA 访问数据库的基本的步骤如下。

（1）使用 Connection 对象连接到数据源，即要处理的数据库和表或查询。

（2）使用 Command 对象或其他对象将处理数据库的 SQL 语句（如 SELECT、INSERT 等）传送到数据库中，数据库执行传递的语句。

（3）数据库将处理的结果保存在 Recordset 对象的记录集中，传回到高级语言，这样，VBA 就可以处理相应的数据了。

10.3　实验题解答

1. 请参阅教材"10.2　VBE 界面"下的"2. VBE 窗口"下的图 10-7，在"立即窗口"完成图 10T 实验 1 题的命令并运行，显示结果为"Hello World!"。

【实验步骤参考答案】

设计操作步骤如下。

（1）打开"教材管理"数据库窗口，选择"模块"对象，再单击"新建"，选择"视图"→"立即窗口"命令。

（2）在窗口输入如下命令。

```
A = "Hello"
B = "World! "
? A + " . " + B
```

回车，即有结果显示：

```
Hello   World!
```

2. 请参阅教材例 10-14，创建一个函数过程，运行结果为图 10T 实验 2 题。

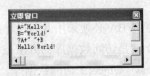

图 10T 实验 1 题　立即窗口

图 10T 实验 2 题　运行结果

【实验步骤参考答案】

设计操作步骤如下。

（1）在教材管理数据库窗口的"模块"对象界面下，单击"新建"命令，进入模块编辑状态，并自动在代码窗添加上"声明"语句如 Option Compare Database。

（2）选择"插入"→"过程"命令，弹出"添加过程"对话框。在本对话框中，在"名称"文本框输入过程名"欢迎信息"，在"类型"栏选中"函数"，然后单击"确定"按钮，进入新建过程的状态，并在代码窗口的声明语句后，添加上以函数名为"欢迎信息"的函数过程说明语句 Public Function 欢迎信息()—End Function。

（3）函数过程说明语句中插入如下命令。

```
Dim Ans As Integer
Ans = MsgBox("欢迎使用本数据库系统", 1 + 64 + 0, "欢迎信息")
```

（4）保存本模块。单击工具栏的"保存"按钮，或选择"文件"→"另存为"命令，弹出"另存为"对话框。在"模块名称"文本框中输入模块命名名称"欢迎信息"，然后单击"确定"按钮保存。

（5）在"代码窗口"顶部右边的"过程/事件"列表框中选择"欢迎信息"事件，然后单击执行按钮▶，可看见图 10T 实验 2 题所示的结果。

在"欢迎信息"提示框中，单击"确定"按钮，Ans 返回值 1。单击"取消"按钮，Ans 返回值 2。

3. InputBox 函数的使用。

请参阅教材上的例 10-15，创建一幅"系统登录"界面如图 10T 实验题 3-1，设默认用户名为"Administrator"，输入用户名"陈鹏"当用户单击确定按钮以后，系统弹出一个信息提示对话框"欢迎您"如图 10T 实验题 3-2。

图 10T 实验题 3-1　系统登录界面　　　图 10T 实验题 3-2　欢迎界面

【实验步骤参考答案】

设计操作步骤如下。

（1）在教材管理数据库窗口的"模块"对象界面下，单击"新建"命令，进入模块编辑状态。

（2）选择"插入"→"过程"命令，弹出"添加过程"对话框。在本对话框中，在"名称"文本框输入过程（函数过程）名"武院教材"，在 "类型"栏选中"函数"，然后单击"确定"按钮，进入新建过程的状态，并在代码窗口的声明语句后，自动添加上以函数名为"武院教材"的函数过程说明语句 Public Function 武院教材 ()—End Function。

（3）在函数过程说明语句中插入如下命令。

```
Dim User as String
User=InputBox("请输入您的用户名：","系统登录","Administrator")
Msgbox "热烈欢迎--"+User, VbOkOnly+VbInformation, "欢迎您"
```

以"实验题 3"的名称保存本模块。

在"代码窗口"顶部右边的"过程/事件"列表框中选择"武院教材"事件，然后单击执行按钮▶，可看见如图 10T 实验题 3-1 所示的结果，默认用户名为"Administrator"。录入用户名陈鹏，确定后，如图 10T 实验题 3-2 所示。

4. 实验题，顺序程序设计。

请参阅教材上的例 10-16，编写一个求矩形面积的程序。矩形的长和宽自行设定。

【实验步骤参考答案】

设计操作步骤如下。

（1）在教材管理数据库窗口的"模块"对象界面下，单击"新建"命令，进入模块编辑状态；

（2）选择"插入"→"过程"命令。弹出"添加过程"对话框。在本对话框中，在"名称"文本框中输入过程（Sub 子过程）名"矩形面积"，在"类型"栏中选择"子程序"，然后单击"确定"按钮，进入新建过程的状态，并在代码窗口的声明语句后，自动添加上以过程名为"矩形面积"的过程说明语句 Public Sub 求矩形面积()—End Sub。

（3）在过程说明语句中插入命令。

```
Dim 长 As Single, 宽 As Single
Dim Area As Single
长 = InputBox("请输入长：", "求矩形面积")
宽 = InputBox("请输入宽：", "求矩形面积")
Area = 长 * 宽
MsgBox "矩形的面积是： " + Str(Area), 0 + 64, "矩形面积"
```

如图 10T-1 所示。

（4）以"求矩形面积"的名称保存本模块。

在"代码窗口"顶部右边的"过程/事件"列表框中选择"求矩形面积"事件，然后单击运行按钮▶运行程序，输入数据如图 10T-2 所示，若输入的数据长为 8 宽为 5，则结果如图 10T-3 所示。

图 10T-1　求矩形面积代码

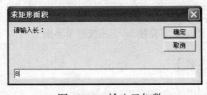

图 10T-2　输入已知数

图 10T-3　结果

5. 分支程序设计。

请参阅教材上的例 10-18，编写一个运送货物的按里程收费程序，标准为：90km 以上，3 元/kg，80～89km，2.5 元/kg，70～79km，2 元/kg，60～69km，1.5 元/kg，60km 以下，1 元/kg。模块命名为"里程收费"。

【实验步骤参考答案】

设计操作步骤如下。

根据输入的不同里程，利用多条件判断结构来确定其收费标准。

先创建一个名为"里程收费"的模块（Sub 子过程），程序如下。

```
Dim Mark As Integer
Dim Class As String
Mark =Val( InputBox("输入里程 km："))
If Mark >= 90 Then
     Class = "3 元/kg "
ElseIf Mark >= 80 Then
     Class = "2.5 元/kg "
ElseIf Mark >= 70 Then
     Class = "2 元/kg "
ElseIf Mark >= 60 Then
     Class = "1.5 元/kg "
Else
     Class = "1 元/kg "
End If
MsgBox "这批货物的运送收费标准是： " + Class, vbOKOnly + vbInformation, "收费标准"
```

代码窗如图 10T-4 所示，单击运行按钮 ▶ 运行程序，输入数据，如图 10T-5 所示，如果输入里程为 81km，则货物的运送收费标准为 2.5 元/kg，如图 10T-6 所示。本模块以"收费标准"为模块名保存。

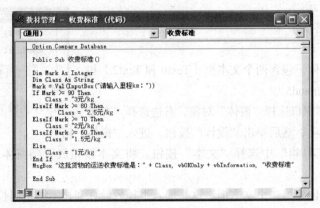

图 10T-4　代码窗

图 10T-5　数据输入

图 10T-6　运行结果

6. 循环程序设计。

请参阅教材上的例 10-20，编写一个 1～100 所有偶数和的程序。

【实验步骤参考答案】

设计操作步骤如下。

100 以内所有偶数的和，即 2+4+6+…+100。采用累加的方法求和。

如同实验题 4，创建一个名为"求偶数和"的模块（Sub 子过程），程序为如下。

```
Dim i As Integer, Sum As Integer
Sum = 0                              '初值为 0
For i = 2 To 100 Step 2
    Sum = Sum + i
Next i
MsgBox("100 以内所有偶数的和为: " +Str(Sum))
```

代码窗如图 10T-7 所示，单击运行按钮 ▶ 运行程序，结果如图 10T-8 所示。本模块以"求偶数和"为模块名保存。

图 10T-7　代码窗

图 10T-8　运行结果

7. 求圆的周长。

请参阅教材上的例 10-26，创建一个窗体，用来计算圆的周长。用户在"半径"文本框(Text0)中输入圆的半径后，单击"确定"按钮（Command0），在"周长"文本框(Text2)中返回计算结果，如图 10T 实验 7 题所示。

图 10T 实验 7 题　求圆的周长窗体

【实验步骤参考答案】

设计操作步骤如下。

（1）创建一个窗体，包含两个文本框（Text0 和 Text2）和一个命令按钮（Command5）。

在 Access 数据库窗口选择"窗体"对象，右边选择"在设计视图中创建窗体"项，然后单击"设计"按钮，进入"窗体"窗口。

首先在"控件工具箱"中选择"文本"按钮，将文本按钮放置到窗体中，这是输入半径文本框。

再用同样的方法创建第二个文本框。这是输入半径后计算和显示结果周长的文本框。

接着创建命令按钮"确定"，当出现"命令按钮向导"窗口时，单击"取消"按钮。

（2）通过"属性"对话框分别将两个文本标签的标题改为"请输入半径:"和"圆的周长为:"，将 Command5 命令按钮的标题改为"确定"。

（3）选中命令按钮 Command5，右击，在弹出的快捷菜单中选择"事件生成器"命令，如图 10T-9 所示。

（4）单击"事件生成器"，在"选择生成器"对话框中选择"代码生成器"后"确定"，启动"代码窗口"，如图 10T-10 所示。

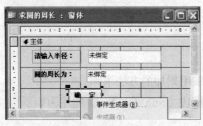

图 10T-9　选择事件生成器

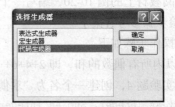

图 10T-10　选择代码生成器

在 VBE 代码窗口中，系统生成 Command0 的 Click 事件过程，设置代码如下。

```
Private Sub Command5_Click()
    Dim R As Single, S As Single
    R = Val(Me!Text0)
    S = 0
    If (R <= 0) Then
        MsgBox "输入半径必须大于 0！"
    Else
        圆的周长 R, S
    End If
    Me!Text2 = S
End Sub
```

具体如图 10T-11 所示。

在 VBE 代码窗口中固定好鼠标指针的位置，选择"插入"→"过程"命令，打开"添加过程"窗口并进行设置，如图 10T-12 所示。

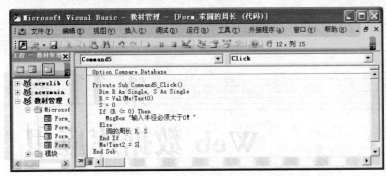

图 10T-11　Command6 的 Click 事件代码　　　图 10T-12　添加 Area 的过程

"确定"后在 VBE 代码窗口中设置代码如下。

```
Public Sub Area(x As Single, y As Single)
    Const Pi = 3.1415926
    y = 2*Pi * x
End Sub
```

现在完成的代码窗口如图 10T-13 所示。

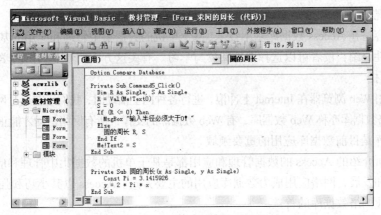

图 10T-13　求圆的面积代码窗口

切换到"窗体"视图，在文本框中输入半径值。若小于或等于零，如图 10T-14 所示，"确定"后系统生成消息框，显示错误消息，如图 10T-15 所示。若大于零，则调用过程 Area 进行运算，返回并显示结果，如图 10T-16 所示，这就是题目所要求的窗体（题目图 10T 实验题 7）。

图 10T-14　输入半径小于 0　　　图 10T-15　系统提示错误信息　　　图 10T-16　运行结果

本例所建窗体以"求圆的周长"为窗体名存盘。

第 11 章
Web 数据库应用

内容提要

计算机网络的发展和普及促成数据库基于网络应用，即网络数据库或 Web 数据库的出现。

本章首先介绍 Web 数据库的预备基础知识，包括数据库系统的 C/S、B/S 应用模式、HTML、HTTP、浏览器、Web 服务器，静态网页、动态网页与动态网页技术，在此基础上介绍 ASP+IIS+Access 开发模式，以及 ODBC 与 ADO 知识。最后介绍目前世界上 XML 和 Web 数据库技术的发展情况。

本章的内容是在 Access 数据库基本技术、基于单机的数据集中管理和应用的基础上的知识拓展，仅作导论性介绍，读者可以选择性地阅读与学习。有关这方面的专业知识的学习，需要阅读专门书籍或教材。

当我们使用 Web 浏览器在 Internet 上冲浪，进行各种网上活动时，我们正在通过网络使用各种网络数据库。网络数据库亦称 Web 数据库，有 Web 数据库的支撑，所有网络活动才能正常进行。

Web 数据库是目前数据库应用的重要领域。

前面各章所介绍的 Access 的数据管理和应用都是基于单机的数据集中管理和应用。随着计算机网络的普及和发展，网络应用成为数据库应用的主要方式。Access 以其小巧和强大的功能，成为许多中小企业网络数据库的首选。

本章我们结合 Access，学习 Web 数据库应用基础。

11.1　Web 应用

所谓 Web 应用，就是指网络应用。目前主要的网络应用之一是 WWW 应用。WWW 是 World Wide Web 的简称，译为万维网或全球网，简称 Web，也称 3W 或 W3，是全球网络资源。

Web 或 WWW 最初是欧洲核子物理研究中心 CERN(the European Laboratory for Particle Physics)开发的，目前已经是 Internet 提供的主要服务。要注意的是，万维网并不是某种传统意义上的物理网络，而是方便人们搜索和浏览信息的信息服务系统。它是一个大规模的、联机式的信息储藏所。WWW 为用户提供了一个可以轻松驾驭的图形化界面，用户可以查阅 Internet 上的信息资源，包含新闻、图象、动画、声音、3D 世界等多种信息。

1. 浏览器

WWW 浏览器是 WWW 系统的重要组成部分，WWW 网站（WWW 服务器）是网页信息的源，我们要想浏览这些信息，必须在客户机上安装专门的软件，这种软件就叫浏览器。

目前，比较常用的浏览器有 IE 的 Netscape Navigator（"航海家"）。由于 IE 是直接捆绑在 Windows 98 以上的版本中的，相当于是赠送免费使用，所以相对而言，使用 IE 的用户很多。现在流行的浏览器还有 Firefox，Opera 等，也陆续出现了许多新的浏览器。网民们必须选定和使用某种浏览器，才能访问不同的网站所提供的各种信息。

2. Web 服务器

WWW 是一个大规模、在线式的信息储存场所，用户通过浏览器访问查看 Web 上储存的信息，浏览器在 Web 上访问到的文档就称为"网页"（Web Page）。从技术上讲，WWW 是一个支持交互式访问的分布式超媒体（Hyper Media）系统，这种超媒体系统是在传统的超文本（Hyper Text）系统基础上扩充得到的。

（1）Web 服务器

实际上，Web 服务器是一种软件而不是物理的计算机，不过，人们也将 Web 服务器所在的计算机看成 Web 服务器。Web 服务器可以管理 Web 页和各种 Web 文件，并为提出 HTTP 请求的浏览器提供 HTTP 响应。多数情况下，Web 服务器和浏览器处于不同的计算机，但它们也可以并存在同一台计算机上。

图 11-1 是浏览器访问 Web 页的基本情况示意图。当 HTTP 客户端向远程 Web 服务器发送一个访问网页的请求时，服务器将网页传输给客户端作为响应，最终在客户端的屏幕上显示网页内容。用户还可以在客户端从这个新网页转向某一链接而调用另一个网页，另一个远程 Web 服务器以相同的方式响应，并将所请求的网页送回客户端浏览器。

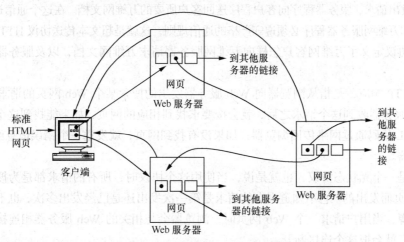

图 11-1　Web 服务器的工作原理

从上述 Web 服务过程来看，形成最终网页的脚本是在 Web 服务器上运行的，而不是在客户端运行，传送到客户端浏览器上的 Web 页是在服务器上生成的。我们不必担心客户端浏览器是否能够处理脚本，因为 Web 服务器已经完成了所有的脚本处理，并将标准 HTML 传输到客户端浏览器上。由于只有脚本的结果返回到浏览器，因此，服务器端的原脚本文件不易被复制，用户也看不到创建自己正在浏览的 Web 页的脚本命令。

常见的 Web 服务器有 Apache、Tomcat 和 IIS 等。这里我们着重介绍 IIS。Microsoft 公司的 Windows 2000/XP/2003 等，都提供了 IIS（Internet Information Server，Internet 信息服务）。

（2）HTML

HTML（Hyper Text Markup Language，超文本标记语言）用来编制一个将要在万维网显示的文件。用 HTML 语言编制的文件就是超文本文件，放在 WWW 服务器上就是网页。一般来说，网页是事先设计好并存储在支持 Web 应用的网络服务器即 Web 服务器上的。为了使网页能够明确地表达各种不同的内容元素，同时也为了保证不同的浏览器对于网页的解释相同，每一个包含超媒体文档的网页都采用一个标准的表达方式，这个标准就是超文本标记语言 HTML。

由于 HTML 非常易于掌握且实施简单，因此它被提出之后很快就成为了制作万维网页面的标准语言，是万维网的重要基础。

HTML 是一组简单的命令，这组命令对文件显示的具体格式进行了详细的规定和描述，这些命令允许定义文件各部分的具体显示方式，不同的浏览器"读"到这些定义后，即能以最适合用户显示器的形式把文件内容显示出来。就是说，HTML 规定了各种元素的不同标记，并有相应的格式。每个 HTML 文档都以一个包含标签和其他信息的文本文件来表示。

当客户浏览器请求从 WWW 服务器将网页传送过去时，采用的协议则叫做超文本传输协议 HTTP（Hyper Text Transfer Protocol）。

3. HTTP

HTTP 是在网络上访问或传输信息必须遵守的规定，称网络协议。浏览器默认使用的协议是 HTTP，当用户在浏览器的地址栏中输入网址如 www.sina.com.cn 时，浏览器会自动使用 HTTP 协议来搜索 http://www.sina.com.cn 网站的首页。

万维网以客户端/服务器模式（Client/Server，C/S）工作。在用户主机上运行的是万维网客户程序。万维网文档所驻留的主机则运行服务器程序，所以这个主机也称为万维网服务器。客户程序向服务器程序发出请求，服务器程序向客户程序送回客户所要的万维网文档。在这个通信过程中，万维网客户程序和万维网服务器程序必须遵守严格的通信规则，这就是超文本传送协议 HTTP。

HTTP 协议定义了万维网客户怎样向万维网服务器请求万维网文档，以及服务器怎样将文档传送给客户。

所谓 HTTP 响应，是指从浏览器向 Web 服务器发出的搜索某个 Web 网页的请求是 HTTP 请求，当 Web 服务器收到这个请求之后，就会按要求找到相应的网页，如果能找到这个网页，就把网页的 HTML 代码通过网络传回浏览器；如果没有找到网页，就发送一个错误信息给发出 HTTP 请求的浏览器。

HTTP 是一个无状态协议，也就是说，当使用这个协议时，所有的请求都是为搜索某一个特定的 Web 网页而发出的。它不知道现在的请求是第一次发出还是已经发出多次，也不知道这个请求的发送来源，当用户请求一个 Web 网页时，浏览器会与相关的 Web 服务器相连接，检查到这个页面之后，就会把这个连接断开。

HTTP 是 Web 操作的基础，它是一个使信息能通过 Web 交换的"客户端/服务器"协议。HTTP 定义了浏览器能提出的请求的类型以及服务器返回的响应类型，通过 HTTP，用户可以从远程服务器中获取网页，而且如果用户有特定权限，还可以将网页文档存储在服务器上，HTTP 还提供向网页上添加新信息或删除信息的功能。

目前，使用最多的万维网服务器软件有 Microsoft 的信息服务器（IIS）和 Apache 等。

11.2　数据库系统的应用模式

随着计算机技术、网络技术的发展，数据库应用系统的体系结构在不断地发生变化。

最早的数据库是集中管理、集中应用。网络出现后，网络上的数据管理与数据应用开始分离，即数据集中管理，分散使用。这时的数据库作为数据库服务器为网络的数据应用提供数据服务支持。

网络数据库的最早应用模式是作为文件服务器出现。称为"文件服务器/工作站"模式。这时，数据保存在文件中，当用户需要数据时，就向文件服务器发来数据请求，文件服务器通过网络将整个含有数据的文件传送给用户，由用户在客户端再对数据进行处理。这种应用方式管理简单，容易实现，缺点是传送整个文件给用户实在没有必要，导致对用户毫无用处的大量数据白白传送，这大大增加了网络流量，同时对于数据的安全也存在很大的隐患。

目前，网络数据库的应用主要以 C/S（Client/Server，客户端/服务器）模式和 B/S（Browser/Server，浏览器/服务器）模式为主。

1. C/S 模式

C/S 结构模式在 20 世纪 80 年代兴起。

C/S 结构模式将应用系统分为两个部分：客户端部分和服务器部分。客户端部分的应用程序主要包括用户的操作界面，服务器部分的应用程序则存储被用户访问的数据。为了使客户端能够更好地使用服务器上的数据，通常引入管理机制对数据进行逻辑上的分配和管理。

C/S 模式的基本工作方式是，客户端应用程序需要数据时，就向存储数据的服务器提出数据请求，服务器收到客户端传送过来的数据请求后进行处理，将满足用户要求的的数据集合传送给客户端。用户对于服务器传送过来的数据集合在客户端做进一步的处理。这是通常所说的二层 C/S 结构，如图 11-2 所示。

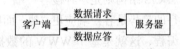

图 11-2　（二层）C/S 模式结构示意

较传统的"文件服务器/工作站"模式相比，C/S 模式无论在处理性能上，还是在信息共享或数据安全方面，都有很大的优势。二层 C/S 模式结构将具体的应用部分分散到客户端，大大提高了人机交互效率，提供了对数据的快速访问，减少了网络上数据的传输量，使服务器的性能相对得到了提高。同时，对于 C/S 结构的应用程序，各个部分独立开发，每一部分的修改和替换不影响其他部分。这样的优点使得基于 C/S 结构的管理信息系统对于客户端数目较小、管理事务相对稳定的企业有很大的便利。

二层结构的 C/S 模式在客户端需要开发实现全部业务和数据访问功能的程序，篇幅大。所以人们通常把这种方式称为"Fat Client"(胖客户端)。

当客户端数量增加，服务区域延伸到整个企业时，二层 C/S 结构的局限性就突出出来，主要体现在：程序开发量大，由于存在许多不同的客户端都要访问数据库，而 C/S 结构通常将用户接口和应用集于一体，增加了编程量；系统难以维护，一旦修改应用程序就要更换所有客户端；硬件成本增加；系统安全性难以保障。

由于上述缺点，产生了三层 C/S 模式。三层 C/S 结构将应用的三部分（表示部分、应用逻辑部分和数据访问部分）明确进行分割，使其在逻辑上各自独立，并且单独加以实现，分别称之为客户端、应用服务器和数据库服务器。三层 C/S 体系结构如图 11-3 所示。

图 11-3　三层 C/S 体系结构

与二层结构相比，三层 C/S 模式的应用逻辑部分被明确地划分出来，在硬件上，有两种基本方式来实现。

① 客户位于客户端上,应用服务器和数据库服务器位于同一主机上,这种方式在主机具有良好性能的前提下,能保证应用服务器和数据库服务器之间的通信效率,减少客户和应用服务器之间网络上的数据传输,使系统具有良好的性能。

② 客户位于客户端上,应用服务器和数据库服务器位于不同的主机上,这种方式比前一种方式更加灵活,能适应客户端数目的增加和应用处理负荷的变动,在增加新的应用逻辑时,可以追加新的应用服务器。系统规模越大,这种方式的优点越显著。

其中,客户是应用的用户接口部分,负责用户与应用程序的交互,它接受用户的输入和请求,将结果以适当的形式如图形、报表等,返回给用户。与二层 C/S 结构的客户部分相比,三层 C/S 的客户功能更加简洁清晰,大部分的应用逻辑部分被转移到应用服务器上,客户的界面容易生成也容易修改。而且尽量与其他两层保持独立,以适应应用时的变化。应用服务器是应用逻辑处理的核心,它是具体业务的实现。应用服务器一般和数据库服务器有密集的数据交换,应用服务器向数据库服务器发送 SQL 请求,数据库服务器将数据访问结果返回给应用服务器,当应用逻辑变得复杂或增加新的应用时,可增加新的应用服务器;数据库服务器以传统的基于 SQL 的 DBMS 实现,完成数据的存储、访问和完整性约束等。

二层 C/S 结构是一种胖客户端(Fat Client)瘦服务器(Thin Server)的网络计算模式,而三层 C/S 结构则是一种瘦客户端(Thin Client)胖服务器(Fat Server)的网络计算模式。目前,流行的趋势是客户端应更"瘦"而服务器要更"胖"。有些三层 C/S 系统已经实现了客户端的 0 代码编程,这就是基于 WWW 的数据库应用系统,它采用统一的浏览器作为用户界面,形成"浏览器-Web 服务器-数据库服务器"的结构,这种结构就是通常所说的 B/S 结构。B/S 结构是三层 C/S 结构的一种特殊形式,B/S 结构模式日益成为应用的主流模式。

2. B/S 模式

B/S 模式是一种瘦客户端模式。

随着 Internet/Intranet 技术的兴起,基于"浏览器/服务器(B/S)"模式的管理信息系统应运而生,并得到了迅速的发展。这是一种以 Web 技术为基础的新型的信息系统平台模式,在这种结构中,客户端只需安装和运行浏览器软件,而 Web 服务软件和数据库管理系统安装在服务器端。B/S 结构提供了一个跨平台的、简单一致的应用环境,它实现了开发环境和应用环境的分离,使开发环境独立于用户的应用环境,避免了为多种不同操作系统开发同一种应用系统的重复工作,便于用户群的扩展、变化及应用系统的管理,大大提高了工作效率。实际上,B/S 结构是在 C/S 结构基础上的扩展,用户通过客户端的浏览器,发出一系列的指令和请求动作,由服务器端负责对请求进行处理,并将得到的结果通过网络发回到客户端。

B/S 结构模式结构如图 11-4 所示。

图 11-4 B/S 结构模式示意

因为 B/S 结构模型的系统简化了客户端,使维护和扩展方便,应用地点灵活、广泛,越来越多的应用系统的开发模式都从 C/S 转向 B/S 模式。

事实上,目前使用浏览器通过 Internet 访问不同的网站、浏览信息,就是通过 B/S 模式访问数据。Web 浏览器的很多产品,如 IE 和 Navigator,以及现在陆续出现的许多新的浏览器,都是这样做的。

11.3　IIS 的安装与设置

在第 11.1 节讲过，目前，使用最多的万维网服务器软件有 Microsoft 的信息服务器（IIS）和 Apache 等。本节我们介绍 IIS 的基础知识。

现在我们知道，要建立 Web 网站必须首先安装 Web 服务器。而基于 Microsoft Windows 平台的 Web 服务器是 IIS（Internet Information Server，Internet 信息服务）。基于其他平台的可使用其他 Web 服务器产品，我们这里仅介绍 IIS。

1．IIS 的安装

在安装 Windows 2000/XP/2003 时可以安装 IIS，但 Windows 2000/XP 在默认安装时不会安装 IIS，必须自定义安装时才可以指定安装 IIS，而 Windows 2003 会自动安装 IIS。

以下我们以 Windows XP 为例，介绍 IIS 的安装。

注意，我们这里所说的 Windows XP，是指 Windows XP Professional 版本（企业版）Corporate Edition Pack 3 或 Windows XP 64-Bit Edition 版本（Servece，面向大中型企业），而且 Microsoft 公司会升级打补丁的。其他如 Windows XP Home Edition 版本（面向个人家庭）等，不支持 IIS 方面的功能。

在 Windows XP 下，进入"控制面板"后，双击"添加或删除程序"图标，打开"添加或删除程序"窗口，在此窗口中选择左边"添加/删除 Windows 组件"项，弹出"Windows 组件向导"对话框，如图 11-5 对话框，在此对话框中选中"Internet 信息服务（IIS）"项，单击"下一步"按钮，然后根据提示插入 Windows XP 系统盘并运行，即可完成 IIS 的安装。

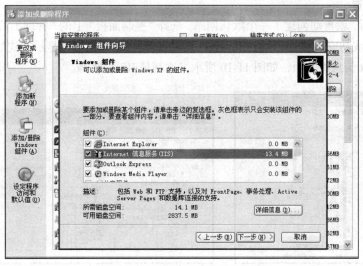

图 11-5　在 Windows XP 下安装 IIS

如果我们在安装 Windows XP 后不删除安装文件，这里就不必"插入 Windows XP 系统光盘并运行"，而是直接安装。否则，这里就必须插入 Windows XP Professional Servece Pack 3 光盘。安装过程的提示如图 11-6 所示。

所插系统盘达不到要求，实际上是寻找不到相应的文件，系统提示如图 11-7 所示。

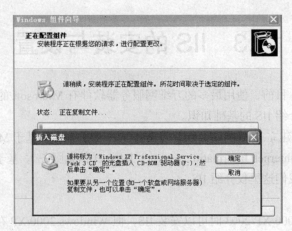

图 11-6　IIS 的安装提示

安装成功，系统提示重启计算机，如图 11-8 所示。

图 11-7　所需光盘提示

图 11-8　IIS 安装成功后系统提示重启计算机

2. IIS 的设置

IIS 安装好后，就自动创建了一个默认网站。选择"控制面板"上的"管理工具"下的"Internet 信息服务"项（成功安装 IIS 后才有"Internet 信息服务"项），其图标显示方式如图 11-9 所示。

打开 Internet 信息服务项，如图 11-10 所示，这就是 IIS 管理器。

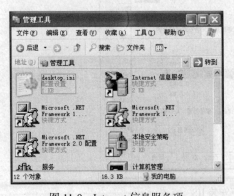

图 11-9　Internet 信息服务项

图 11-10　IIS 操作平台

这时在 Windows 系统的"开始"菜单的"所有程序"下会生成"管理工具"项，如图 11-11 所示（列表显示方式）。

现在就可以通过 IIS 管理器程序对 IIS 的 Web 服务器进行操作管理。用户可以将该网站作为自己的 Web 站点发布信息。

IIS 提供的基本服务包括发布信息、传输文件、支持用户通信和更新这些服务所依赖的数据存储。

所有 Web 站点都有一个主目录。在默认情况下，IIS 将 Web 的主目录安装到位于 \Inetput\wwwroot 的根驱动器（一般都是 C：盘）上。可以使用 IIS 管理器来更改网站的主目录，当然，操作时操作者的身份必须是本地计算机上的 Administrators 组的成员，或者已被授予了相应的权限。一般情况下，使用默认的 Web 主目录即可。网站主目录创建完毕，就可以设置网站的默认主页，并在其中创建虚拟目录来组织 Web 应用程序。

在 IIS 中创建虚拟目录来组织 Web 应用程序的步骤如下。

① 选择 "开始" → "程序" → "管理工具" → "Internet 信息服务"，打开 Internet 信息服务器，即 IIS 管理器。

② 在 IIS 管理器中，展开 "本地计算机" 项下 "网站" 目录，选中 "默认网站" 节点，右击，在弹出的快捷菜单中选择 "停止" 命令，如图 11-12 所示。或直接单击工具栏上的 "停止" 按钮，停止默认网站的 Web 服务。

图 11-11　管理工具项

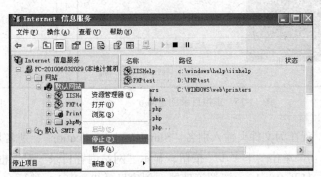

图 11-12　停止默认网站的 Web 服务

③ 打开 Windows 资源管理器，在 D 盘或其他数据盘上建一个目录 wwwroot，然后把 \Inetpub\wwwroot 下所有的文件都复制到 D：\wwwroot 中，图 11-13 是列表信息。

④ 在 IIS 管理器中，在 "默认网站" 节点上右击，然后在弹出的快捷菜单中选择 "属性" 命令，打开 "默认网站属性" 对话框，选择 "主目录" 选项卡，将本地路径更改为 "D：\wwwroot"，如图 11-14 所示。

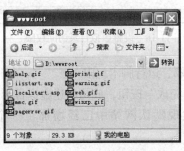

图 11-13　\wwwroot 中的文件

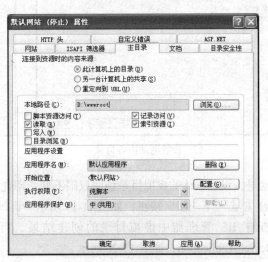

图 11-14　更改网站默认目录

单击"确定"退出。这样就修改了本网站的默认主目录。

⑤ 单击 IIS 管理器工具栏上的"启动"按钮▸，启动 Web 服务。

⑥ 在 IIS 管理器中右击"默认网站"节点，在弹出的快捷菜单中选择"新建"→"虚拟目录"命令，启动"虚拟目录创建向导"对话框来帮助我们完成创建虚拟目录的步骤，如图 11-15 所示。

⑦ 单击向导对话框中的"下一步"按钮，显示"虚拟目录别名"窗口，如图 11-16 所示。

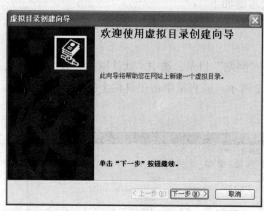

图 11-15　虚拟目录创建向导

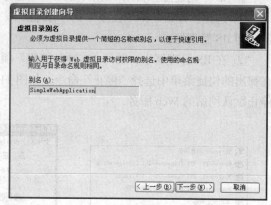

图 11-16　设置虚拟目录别名

现在为文件夹输入别名"SimpleWebApplication"。别名是用来标示该目录中资源的名称。

⑧ 单击"下一步"按钮，显示"网站内容目录"对话框，如图 11-17 所示。

打开 Windows 资源管理器，创建目录 TestWeb，然后在"网站内容目录"对话框中填入路径为 D:\TestWeb。

⑨ 单击"下一步"按钮，显示"访问权限"对话框，如图 11-18 所示。

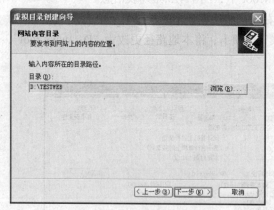

图 11-17　设置网站内容目录

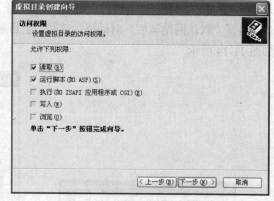

图 11-18　设置虚拟目录访问权限

这里，设置默认的虚拟目录访问权限不变，即允许读取、运行脚本权限。

⑩ 单击"下一步"按钮，如图 11-19 所示。再单击"完成"按钮，成功创建虚拟目录。

查看 IIS 管理器中虚拟目录的创建结果，可以发现默认网站中已经增加了一个节点 SimpleWebApplication，如图 11-20 所示。

通过以上设置，已经在本机上建立了 Web 站点及虚拟目录，可以管理网页文件。

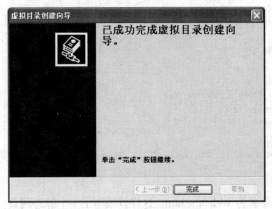

图 11-19 成功创建虚拟目录

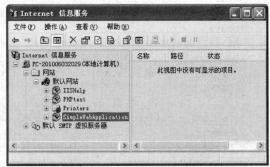

图 11-20 增加节点 SimpleWebApplication

11.4 Web 页的工作原理

在实际应用中，Web 服务器上存储的 Web 页分为静态网页和动态网页两种。动态网页又分为客户端动态网页和服务器端动态网页两种。

1. 静态 Web 页的工作原理

静态 Web 页的内容由一些 HTML 代码组成，内容明确固定，保存为.htm 或.html 文件，属于文本文件。如果不修改静态 Web 页，那么它将一直保持其内容不变。

通过浏览器访问存放在 Web 服务器上的静态 Web 页的基本步骤如下。

① Web 设计者编写由纯 HTML 组成的 Web 页，并将其以.html 文件保存到 Web 服务器站点上。

② 用户在其浏览器中输入 Web 页请求。用户的请求中包含站点的 URL 及上面的网页，该请求从浏览器通过网络传送到 Web 服务器。

③ Web 服务器确定.html 的位置，并将它转换为 HTML 流。

④ Web 服务器将 HTML 流通过网络传回到浏览器。

⑤ 浏览器处理 HTML 并显示该页。

这个过程用图形描述如图 11-21 所示。

图 11-21 静态 Web 页工作原理

静态 Web 页通常非常容易识别，有时在众多的 Web 页中只要看一眼页的内容就能够将它们识别出来。静态 Web 页的内容如文本、图像和超链接等，其外观总是保持不变，它并不考虑谁在访问页、何时访问页、如何进入页及其他因素。

静态 Web 页的 HTML 代码可以直接通过文本编辑器输入和编辑。例如，通过记事本或写字板编写以下 HTML 代码。

```
<html>
<head><title>You are welcome</title></head>
<body>
<h1>Welcome</h1>
  Welcome to course homepage.Please feel free to view our
  <a HREF = "contents.htm">list of contents</a>
  <br><br>
  If you have any difficulties,you can
  <a href = mailto:webmaster@abc.com> send email to the webmaster</a>
</body>
</html>
```

然后将这段代码保存到 D:\wwwroot 文件夹下，命名为 Welcome.htm。这样就编写了一个静态网页。

然后启动 IE，在地址栏输入 http://127.0.0.1/welcome.htm。

这里，127.0.0.1 是本机上 Web 站点的 URL。也可以使用 localhost 作为该站点的域名。

这时可以看到图 11-22 所示的浏览器页面（这个图是直接执行 HTML 代码，没有使用本机的 URL）。

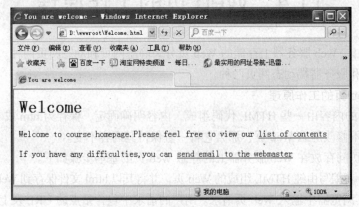

图 11-22　Welcome.htm 页面

可以理解为：当本机上的站点中设计好所有网页文件，然后为该站点申请一个 Internet 域名，并与 Internet 连接，那么所有的 Internet 用户就可以访问本站点了。

语法说明：在上面这个网页文档的 HTML 编码中，用"<>"括起的符号就是 HTML 的标记。像 Welcome.htm 这样静态的、纯 HTML 文件能够制造出完全可用的网页，甚至可以给这样的页加入用于创建画面和表格的更多 HTML，来装饰页的显示和使用性。有很多网站是全部由静态网页组成的。若希望设计网站，必须学习 HTML 语言，本书不专门介绍这方面的知识。

然而，静态网页具有局限性。因为静态网页的内容是在用户请求访问页之前已经完全确定的。例如，如果设计者希望改进 Welcome 页的性能，想在网页中增加显示用户访问的日期信息，静态网页无法做到。因为如果编写了一个日期，那么除非天天修改网页，否则网页中保留的一直是设计的那个日期。

另外，HTML 并不具备个性化网页的功能，所编写的每一个网页对每个用户都是一样的。HTML 也没有安全性，任何人都可以浏览 HTML 代码；没有办法阻止其他人复制自己所编的 HTML 代码及在他们的页中使用这些代码。静态网页的速度非常快，快得就像通过网络复制一个小文件一样。但静态网页不具备动态特征，因此有很大的局限性。

2. 客户端动态 Web 页的工作原理

动态页的基本思想，是通过在网页中增加一些用计算机语言编写的指令代码，这些代码在用户访问时才执行并可以根据不同的情况产生不同的结果。这样，不同的用户看到的页面就可以是不同的。因此，这样的 Web 页称为动态 Web 页。

根据这些代码执行位置的区别，可以将动态 Web 页分为客户端动态网页和服务器端动态网页。编写指令代码的语言称为脚本语言，编写的代码也称为脚本。

在客户端动态网页的模型中，脚本是在客户端执行的，因此需要在客户端的浏览器上添加翻译脚本的模块来完成创建动态页的全部工作，这种模块作为插件融入浏览器中。

编写的客户端动态网页，既可以将脚本代码作为单独的文件与 HTML 代码一起传递，然后该文件在 HTML 页中被引用；也可以将脚本指令代码与 HTML 代码混合在一起。当用户请求 Web 页时，浏览器翻译并执行脚本指令并生成新 HTML 页，然后在浏览器中呈现。也就是说，页根据请求动态生成。而用户在浏览器上看到的依然是 HTML 页。

这样，在客户端模型中，访问 Web 页的 5 个步骤变成了以下 6 个。

① Web 设计者编写一套用于创建 HTML 的指令，并将它保存到.html 文件中。可以用不同的语言编写指令，这些指令可以包含在.html 文件中，也可以放在另外单独的文件中。

② 随后，有用户在其浏览器中输入 Web 页请求，且该请求从浏览器传送到 Web 服务器。

③ Web 服务器找到要访问的页，也许还需要确定包含有指令的另外文件的位置。

④ Web 服务器将转换的 HTML 流与指令通过网络传回到浏览器。

⑤ 位于浏览器中的插件会处理指令并将 Web 页的指令以 HTML 形式返回。只返回一个页，即使是有两个请求也是如此。

⑥ 由显示该页的浏览器处理 HTML 并显示。

以上过程如图 11-23 所示。

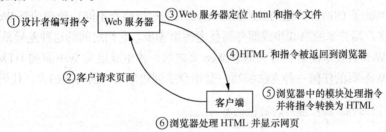

图 11-23　客户端动态 Web 页的工作原理

与静态网页相比，客户端动态网页增加了一个先在客户端处理指令的步骤。客户端技术近来已不再流行，原因如下。

① 这种技术需要长时间的下载，特别是当需要下载多个文件时，下载时间会更长，而多个文件的下载是经常的。

② 每一个浏览器以不同的方式解释指令，因此无法保证如果 IE 能理解这些指令，Netscape Navigator 或 Opera 等浏览器也要能同样地理解它们。

③ 因为代码是在客户端解释，很容易通过浏览器中的"查看源文件"功能查看客户端脚本代码，因此这样使用不安全，而网站开发者不希望看到这种现象。

④ 在客户端解释代码，无法实现需要使用服务器资源（如数据库）的功能。

3. 服务端动态 Web 页的工作原理

服务器端动态模型与客户端模型相比较的区别是：当用户请求页时，对指令代码的执行是在服务器端，执行完毕，将得到的结果生成 HTML 页传回客户端，页也是根据请求动态生成。在服务器端模型中，前面曾介绍的 5 个步骤也变成了 6 个，但由于处理指令的位置不同，这 6 个步骤与客户端模型中的 6 个步骤略有不同。

① Web 设计者编写一套用于创建 HTML 的指令，并将这些指令保存到文件中。

② 其后，有用户在其浏览器中输入 Web 页请求，且该请求从浏览器传送到 Web 服务器。

③ Web 服务器确定指令文件的位置。

④ Web 服务器根据指令创建 HTML 流。

⑤ Web 服务器将新创建的 HTML 流通过网络传回到浏览器。

⑥ 浏览器处理 HTML，并显示 Web 页。

上述过程如图 11-24 所示。

图 11-24　服务器端动态 Web 页的工作原理

可以看出，与前面介绍的方法不同之处是在返回到浏览器之前，所有的处理都在服务器上完成。与客户端模型相比较，此方法的主要优点之一是只有 HTML 代码传回浏览器，这意味着页的初始逻辑隐藏在服务器中，而且可以保证大多数浏览器能显示该页。

处理动态 Web 页的两种方法与处理静态 Web 页的过程略有不同，处理动态 Web 页技术多用了一个步骤：客户端技术的第⑤步或服务器技术的第④步。它们之间的这种差异是至关重要的。对于处理动态 Web 页技术而言，直到请求 Web 页之后，才生成定义 Web 页的 HTML。例如，可以用处理动态 Web 页的任何一种方法编写一套指令来创建显示当前时间的页，代码如下。

```
<html>
<head><title>The Web Server</title></head>
<body>
    <h1>Welecome land, the time is exactly
    <INSTRUCTION:write HTML to display the current time>
</body>
</html>
```

利用这种方法可以通过 HTML 构成大多数的 Web 页，只是不能硬性编码当前时间，可以编写一段特殊代码来替换上面的第 6 行，使得当用户请求页时，这些代码可以指示 Web 服务器通过客户端技术中的步骤⑤或服务器端技术的第④步来生成对应的 HTML。本章的最后部分还将用到该例，并介绍如何用 ASP 来编这段代码。

11.5　典型的动态 Web 技术

世界上有多个公司设计出开发 Web 应用的工具，因此目前有多种不同的动态 Web 技术。

1. 提供动态内容的客户端技术

目前用于客户端动态网页脚本编写的语言主要有两种：JavaScript 和 VBScript，以下作一简介。

（1）JavaScript

JavaScript 是一种由 Netscape 的 LiveScript 发展而来的脚本语言。

通过使用 JavaScript，可以创建动态 HTML 页面，以使用特殊对象、文件和相关数据库来处理用户输入和维护永久性数据。众所周知，在向某个网站注册时，必须填写一份表单，输入各种详细信息，如果某个字段输入有误，在向 Web 服务器提交表单前，经客户端验证发现错误，屏幕上就会弹出警告信息。这可以通过编写代码来实现。代码将用于在用户输入的数据提交到 Web 服务器进行处理之前验证数据，从而减轻服务器的负担，提高服务器运行效率。

很多人一看到 Java Applet 和 JavaScript 都有 Java 字样，就以为它们是相同的，其实不然，它们是完全不同的两种技术。Java Applet 嵌在网页中，是有自己独立运行小窗口的小程序。Java Applet 是预先编译好的，它的功能很强大，可以访问 HTTP、FTP 等协议，甚至可以在计算机上植入病毒（这方面已有先例）。相比之下，JavaScript 的能力就比较小了，JavaScript 是一种"脚本"，它直接把代码写到 HTML 文档中，当浏览器读取它们时才进行编译和执行。所以，能查看 HTML 源文件就能查看 JavaScript 源代码。JavaScript 没有独立的运行窗口，浏览器的当前窗口就是它的运行窗口。JavaScript 使网页增加互动性，有规律地重复 HTML 文档得到简化，减少下载时间。JavaScript 能及时响应用户的操作，比如用户提交表单时，JavaScript 会做及时检查工作，无需浪费时间交由 CGI 验证。

Java Applet 和 JavaScript 的相同点是，都以 Java 语言作为语法基础。

（2）VBScript

VBScript 为 Visual Basic 脚本语言，是 Visual Basic Script 的缩写，也称为 VBS。

VBScript 是 Microsoft 公司开发的一种脚本语言，可以看成 VB 语言的简化版，与前面介绍的 Access 编程语言 VBA 的关系非常密切。它具有原语言容易学习的特性。目前这种语言广泛用于网页和 ASP 程序制作之中，同时还可以直接作为一个可执行程序。用于调试简单的 VB 语句非常方便。

由于 VBScript 可以通过 Windows 脚本宿主调用 COM，因而可以使用 Windows 操作系统中能使用的程序库。例如，它可以使用 Microsoft Office 的库，尤其是使用 Microsoft Access 和 SQL Server 的程序库，当然它也可以将整个程序结合到网页中去。

迄今为止，VBS 在客户方面未能占优势，因为它只获得 Microsoft 公司 IE 的支持，MozillaSuite 可以通过装置一个外挂来支持 VBS。而 JavaScript 则受到所有网页浏览器的支持。在 IE 中，VBS 和 JavaScript 使用同样的权限，它们只能有限地使用 Windows 操作系统中的对象。

2. 提供动态内容的服务器端技术

提供动态内容的服务器端技术包括 ASP（Activie Server Pages）或 ASP.NET、JSP 和 PHP 三类主流技术，三者都提供在 HTML 代码中混合某种程序代码、由语言引擎解释执行程序代码的能力。但 JSP 代码被编译成 Servlet 并由 Java 虚拟机解释执行，这种编译操作仅在对 JSP 页面的第一次请求时发生。在 ASP、PHP 和 JSP 环境下，HTML 代码主要负责描述信息的显示样式，而程序代码则用来描述处理逻辑。普遍的 HTML 页面只依赖于 Web 服务器，而 ASP、PHP 和 JSP 页面需要附加的语言引擎分析和执行程序代码。程序代码的执行结果被重新嵌入到 HTML 中，然后一起发送给浏览器。ASP、PHP、JSP 三者都是面向 Web 服务器的技术，客户端浏览器不需要任何附加的软件支持。

（1）ASP 和 ASP.NET

ASP（Activie Server Pages）是一个 Web 服务器端的开发环境，利用它可以产生和运行动态的、交互的、高性能的 Web 服务应用程序。ASP 采用脚本语言 VBScript 或 JavaScript 作为自己的开发语言。

ASP 的技术特点如下。

① 使用 VBScript、JavaScript 等简单易懂的脚本语言，结合 HTML 代码，即可快速地完成网站的应用程序。

② 无需编译，容易编写，可在服务器端直接执行。

③ 使用普通的文本编辑器，如 Windows 的写字板、记事本等，即可进行编辑设计。

④ 与浏览器无关，用户端只要使用可执行 HTML 代码的浏览器，即可浏览 ASP 所设计的网页内容。ASP 所使用的脚本语言均在 Web 服务器端执行，用户端的浏览器无需执行这些脚本语言。

⑤ ASP 能与任何 ActiveX Scripting 语言相容。除了可使用 VBScript 或 JavaScript 语言来设计外，还通过 plug-in 的方式，使用由第三方所提供的其他脚本语言如 REXX、Perl 和 Tcl 等。脚本引擎是处理脚本程序的 COM（Component Object Model）物件。

⑥ 可使用服务器端的脚本来产生客户端的脚本。

⑦ ActiveX 服务器组件（ActiveX Server Components）具有无限可扩充性。

ASP 作为 Microsoft 公司开发的动态网页工具，继承了 Microsoft 产品的一贯传统——只能运行于 Microsoft 的服务器产品 IIS 上。虽然 UNIX 下也有 ChiliSoft 的插件支持 ASP，但 ASP 本身的功能有限，必须通过 ASP+COM 的组合来扩充，UNIX 下的 COM 实现起来非常困难。

ASP.NET 是 Microsoft 公司新推出的动态网页开发技术，是 Microsoft ".NET" 技术的重要组成部分。.NET 是 Microsoft 未来的发展战略，意在为所有程序开发提供一个公共平台，其核心就是.NET Framework，提供全面的.NET 支持技术。.NET Framework 本身是由若干个组件组成，ASP.NET 就是其中的一种。

ASP 和 ASP.NET 的区别在于：ASP 是采用解释方式创建动态网页的服务器端技术，只允许用户使用脚本语言；ASP.NET 采用编译技术，允许用户使用.NET 支持的任何语言。

ASP.NET 全部采用面向对象机制，事先设计了大量的基类，为开发应用程序提供了极大的方便。

（2）PHP

PHP（Personal Home Pages）是一种跨平台的服务器端的嵌入式脚本语言。它大量地借用 C 语言、Java 语言和 Perl 语言的语法，并耦合 PHP 自己的特性，使 Web 开发者能够快速地写出。官方站点 http://www.php.net 自由下载还可以不受限制地获得源码，甚至可以从中加进自己需要的特色。

PHP 可以编译成与许多数据库相连接的函数。所使用的数据库方面，PHP 与 MySQL 是当前绝佳的组合。虽然 PHP 支持多种数据库，但 PHP 提供的数据库接口支持彼此不统一，例如，对 Oracle、MySQL 和 Sybase 的接口，彼此都不一样。这也是 PHP 的一个弱点。

PHP 提供了类和对象。PHP 支持构造类、提取类等。

PHP 可在 Windows、UNIX 和 Linux 的 Web 服务器上正常运行，还支持 IIS、Apache 等通用 Web 服务器，用户更换平台时，无需变换 PHP 代码，可以即拿即用。

（3）JSP

JSP（Java Server Page）是 Sun 公司推出的新一代站点开发语言，它完全解决了目前 ASP、PHP 的一个通病：脚本级执行。Sun 公司将 Java 从 Java Application 和 Java Applet 应用到 Web 开发。JSP 可以在 Serverlet 和 JavaBean 的支持下，完成功能强大的站点程序。

JSP 的主要技术特点如下。

① 将内容的生成和显示相分离。

② 强调可重用的组件。绝大多数 JSP 页面依赖于可重用的、跨平台的组件（JavaBeans 或 Enteprise JavaBeans 组件）来执行应用程序所要求的更为复杂的处理。

③ 采用标识简化页面开发。Web 页面开发人员不会都是熟悉脚本语言的编程人员。JSP 技术封装了许多功能，这些功能是在易用的、与 JSP 相关的 XML 标识中进行动态内容生成所需要的。

由于 JSP 页面的内置脚本语言是基于 Java 编程语言的，而且所有的 JSP 页面都被编译成为 JavaServlet，JSP 页面就具有 Java 技术的所有好处，包括健壮的存储管理和安全性。

JSP 几乎可以运行于所有平台。如 WindowsNT、UNIX 和 Linux 等，在 Windows 下，IIS 通过一个插件，如 JRUN 或 ServletExec，也能支持 JSP。著名的 Web 服务器 Apache 已经能够支持 JSP。由于 Apache 广泛应用在 WindowsNT、UNIX 和 Linux 上，因此 JSP 有更广泛的运行平台。虽然现在 Windows 操作系统占了很大的市场份额，但在服务器方面 UNIX 的优势仍然很大，而新崛起的 Linux 势头也不小。从一个平台移植到另一个平台，JSP 和 JavaBean 甚至不用重新编译，因为 Java 字节码都是标准的、与平台无关的。

3. 3 种服务器端技术性能比较

对以上 3 种服务器端技术分别做循环性能测试及存取 Oracle 数据库测试。在做循环性能测试中，JSP 只用了 4s 就结束了 20 000×20 000 的循环。而 ASP、PHP 测试的是 2 000×2 000 循环，少了一个数量级！却分别用时 63s 和 84s。

数据库测试中，三者分别对 Oracle 8 数据库进行 1000 次 INSERT、UPDATE、SELECT 和 DELETE。JSP 需要 13s、PHP 需要 69s，ASP 则需要 73s。

目前，在国内 PHP 与 ASP 应用最为广泛，而 JSP 在国内采用的较少。但在国外，JSP 是比较流行的一种技术，尤其是电子商务之类的网站，多采用 JSP。

采用 PHP 的网站有很多，但由于 PHP 本身存在的一些缺点，使得它不适合应用于大型电子商务网站，而更适合一些小型的商业网点。

首先，PHP 缺乏规模支持，其次，缺乏多层结构支持。对于大负荷站点来说，解决方法只有一个，那就是分布计算。数据库、应用逻辑层和表示逻辑层彼此分开，而且同层也可以根据流量分开，组成二维阵列。而 PHP 则缺乏这种支持。还有上面提到过的一点，PHP 提供的数据库接口支持不统一，这就使得它不适合运用于电子商务之中。

ASP 和 JSP 则没有以上缺陷，ASP 可以通过 Windows 的 COM/DCOM 获得 ActiveX 规模支持，通过 DCOM 和 Transcation Server 获得结构支持；JSP 可以通过 SUN Java 的 Java Class 和 EJB 获得规模支持，通过 EJB/CORBA 以及众多厂商的 Application Server 获得结构支持。

ASP 以及 ASP.NET、PHP 和 JSP 三者都有相当数量的支持者，由此也可以看出三者各有所长。正在学习或使用动态页面的读者可根据三者的特点选择一种适合自己的技术。

11.6　Web 数据库开发技术介绍

本节介绍基于 ASP 和 Access 数据库的动态网页应用框架。

在目前最常见的服务器端动态网页开发应用中，网页的内容信息一般都保存在数据库中，因此就构成了数据库应用典型的 B/S 模式。当有客户发出了对动态网页的访问请求，Web 服务器首先连接后台数据库服务器，通过访问数据库获得最新的信息，然后生成 HTML 网页信息，并传回到客户浏览器。

如果数据库内的内容被更新，则动态网页的内容也是会更新。

1. 基于 ASP 技术和 Access 的 Web 开发

（1）开发模式

在基于 Microsoft 的 IIS 的网络平台上，通过服务器端运行的 ASP 程序来访问后台数据库，是目前一种常见的开发模式。而对于小型数据库应用需求，Microsoft 的 Access 数据库应该是与 ASP 程序常见的配套组合。由此，AIA（ASP+IIS+Access）开发模式成为中小型企业应用环境下典型的开发技术组合。开发模式如图 11-25 所示。

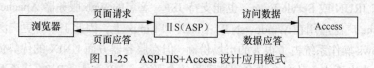

图 11-25　ASP+IIS+Access 设计应用模式

在这种开发模式下，需要的开发环境和工具是浏览器\Web 服务器 IIS 和 Access 数据库，并且数据库要支持对于数据库的连接访问，这种技术是 ADO。

在 WindowsXP 中，使用 IE 作为客户端浏览器。安装 IIS 作为 Web 服务器，并且安装 IIS 后，会自动安装 ASP，由 ASP.DLL 文件实现 ASP 的功能。数据库使用 Access，且安装了支持通过 ADO 访问 Access 的驱动程序。

（2）ASP 概述

ASP 是 Microsoft 公司开发的动态网页工具，用来编写动态网页文档。ASP 只能运行于 IIS 上。ASP 文档可以包含 HTML 标记、ASP 内置对象、Active 组件和脚本语言代码。

① HTML 标记。一个 ASP 文档通常或多或少包含若干行或若干块 HTML 标记，用来控制网页内容的输出效果，呈现网页中"静态"的内容。

HTML 是一种结构化的网页内容标记语言，使用各种不同的标记符号来分别标识和设定不同的网页元素。每一个网页元素通常由开始标记、结束标记以及夹在这两个标记之间的内容所组成。每个 HTML 元素的开始标记和结束标记的名称相同，都用一对尖括号 "< >" 括起来，但结束标记前多一个斜杠符号。

某些 HTML 元素没有内容，所以不需要结束标记，如换行标记
，称为空元素。许多元素中还允许加入若干相关的属性。

② ASP 内置对象。ASP 的核心就是其提供的内置对象，常用的有 Request 对象、Response 对象、Server 对象、Application 对象和 Session 对象等。

这些对象用来获得客户端信息，或将服务器信息传回客户端浏览器，并可以存储公告数据、维护工作状态、访问服务器的公告程序和转移数据等。Web 应用开发者可以在 ASP 程序中直接使用这些对象。

③ Active 组件。为了扩充 ASP 的功能，ASP 可以使用一些具有特定功能的 Active 组件。所谓 Active 组件，是按照 Microsoft 的技术规范开发的、实现特定功能的、具有标准接口且封装好的程序模块，这些模块可以用任意语言编写，可以被不同的开发工具使用。

ADO 组件就是 ASP 用来连接访问数据库的组件。还有如用于投放广告的 AdRotator 组件、存取访问文件的 File Access 组件等。

④ 脚本语言。在 ASP 文档中，通过脚本语言代码将 HTML 标记、ASP 内置对象、Active 组件有机的组织起来，脚本语言还可以在 ASP 文档中实现对于程序流程的控制等。

ASP 直接支持的脚本语言有 VBScript 和 JavaScript。另外，也支持其他能够提供 Active 引擎接口的任何语言。

（3）ASP 文档的创建与运行

ASP 文档对应的动态网页，实际上是保存在 Web 服务器上的文本文件，它与静态网页文件的区别是文件扩展名为.ASP。当浏览器访问时，若 Web 服务器识别的网页文件是扩展名为.HTML 时，Web 服务器就直接将该文件传送到服务器上。若扩展名是.ASP，就在服务器端翻译、执行并生成对应的 HTML 代码，然后传回浏览器。所以，在浏览器上可以查看到静态网页的源代码，但看不到 ASP 文档的源代码。

ASP 文档是文本文件，因此可以使用任何文本编辑器。在 ASP 文档中，HTML 代码与 ASP 脚本代码需要区别开，最简单的方式是在标记上增加 "%" 符号。

例如，打开 Windows 的 "记事本" 程序，输入如下代码。

```
<html>
<head>
<title>显示当前时间<title>
</head>
<body>
    您好! <br>
    现在的时间是:
    < % t = time %>
    <% Response.Write t   '显示当前系统时间 %>
</body>
<html>
```

然后，保存到前面创建的目录下，文件名为 systime.asp。当在浏览器中使用 URL 为：http://localhost/systime.asp 访问时，就可以看到当前的系统时间。如果选择 IE 中的 "查看" → "源文件" 命令，就可以看到脚本已经被转换为 HTML 代码。这就是一个简单的服务器动态网页，在不同的访问时间里，可以显示不同的当前时间。

上述实例中，没有%标记的是 HTML 标记，会被直接传送到浏览器；有%标记的语句是 ASP 脚本，它们要在服务器端先执行并转换。代码中的 t 是当前时间，Response 就是 ASP 用来输出信息的对象。

除了使用文本编辑器编写 ASP 文档外，目前有多款网页设计软件，如 Microsoft 公司 Office 套件中的 FrontPage、Macromedia 公司即现在的 Adobe 公司的 Dreamweaver 等，都是专门制作网页的工具软件。

2.　ADO

ADO（ActiveX Data Object）在前面的内容里曾经介绍，是数据库连接访问技术。

ADO 是由 ODBC 发展起来的。

如果要在 ASP 文档中访问 Access 数据库，就必须使用访问数据库的组件。在 ASP 文件中可使用 ADO 组件连接访问数据库。

（1）数据库访问的含义与 ODBC

从计算机信息处理的历史来看，人们一般都是通过计算机程序对信息进行处理。早期编写计算机程序的计算机语言是高级语言，高级语言中对数据储存管理的技术是文件系统，因此，当出现数据库技术以后，高级语言并没有直接处理数据库的功能。

对数据库进行操作的语言是 SQL。但 SQL 语言本身没有程序设计的功能，也不能设计用户界面和报表等。因此，早期要编写数据库应用程序，是通过改造高级语言，使高级语言能够处理 SQL 命令来实现编程。按照这种方法，高级语言只支持特定的数据库系统。这种应用模式的示意图如图 11-26 所示。

随着计算机应用的飞速发展，各种类型的数据库不断涌现，只支持特定数据库的程序工具在扩展应用方面越来越不适应。本来，数据库的设计是独立的，不依赖特定的程序语言，因此，数据库应该是支持所有程序的，但开发程序的工具只能使用某种数据库系统，或者对不同的数据库要使用不同的方法，这样事实上限制了数据库的作用。

为此，Microsoft 公司于 1992 年率先推出了数据库访问的通用公共平台——开放数据库互联（Open DataBase Connectivity，ODBC）。按照 ODBC 的体系结构，将使用 ODBC 的应用分为 4 层——应用程序、驱动程序管理器、驱动程序和数据源，如图 11-27 所示。

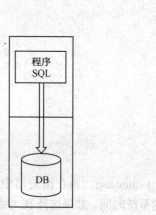

图 11-26　程序中嵌入数据库的应用

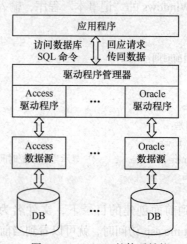

图 11-27　ODBC 的体系结构

在 ODBC 应用框架下，如果某个 DBMS 支持 ODBC，该 DBMS 则提供本 DBMS 的驱动程序，而 Windows 操作系统提供管理驱动程序的程序（称驱动程序管理器）及支持应用程序访问接口。为某个 DBMS 安装了驱动程序后，通过 ODBC 定义代表数据库的数据源。这样，应用程序就通过 ODBC，发送访问该数据库的 SQL 命令，ODBC 将 SQL 命令请求发送到相应的数据源，数据源执行 SQL 命令后，传回执行的结果。

因此，在使用 ODBC 方式访问数据库之前，应该安装相应的驱动程序（由 DBMS 提供，在安装 DBMS 时会自动安装），然后为数据库设置数据源。

由于 ODBC 规定了统一的格式，所以应用程序只需要按照格式编写 SQL 命令，就可以访问无论哪一类的数据库，只要该数据库支持 ODBC。

ODBC 的出现和使用，使数据库的应用得到全面扩展，极大地促进了 C/S 模式、B/S 模式的应用发展。

随着面向对象技术的发展，同时，数据库源的类别也变得非常丰富，如电子报表等，Microsoft 在数据访问公共接口中按照面向对象技术进行了重新设计，并涵盖了数据库或其他数据源的主要类别，这就是第二代技术 OLE DB（Object Linking and Embedding Database）。早期 ODBC 不是面向对象的，只支持数据库，接口和应用步骤都很复杂，而 OLE DB 技术非常简便，功能也得到很大的扩展。Microsoft 希望 OLE DB 成为新一代数据访问公共平台的标准。

（2）ADO 及应用步骤

ADO（ActiveX Data Object）是 Microsoft 公司为 OLE DB 或 ODBC 设计的一种接口，它通过 ODBC 或 OLE DB 的驱动程序访问数据库，将连接访问数据库的大部分操作功能封装在 7 种不同的对象中。在 ASP 中，利用 ADO 可以轻松完成对各种数据库的访问读写操作。

在 ASP 文档中，使用的 ADO 核心对象主要有 3 种——Connection、RecordSet 和 Command，其中 Connection 负责打开或连接数据库，RecordSet 负责存取数据表，Command 负责对数据库执行 SQL 命令。只依靠这 3 个对象是无法存取数据库的，还必须具有存取数据库 OLE DB 驱动程序或 ODBC 驱动程序，ADO 对象必须与各种驱动程序结合才能存取各种类型的数据库，不同的数据库需要不同的程序。

要利用 ADO 访问 Access 数据库，首先要验证机器上是否安装了 Access 驱动程序。验证方法如下。

打开"控制面板"中的"管理工具"，选择"管理工具"下的数据源（ODBC），如图 11-28 所示。

双击"数据源（ODBC）"，打开"ODBC 数据源管理器"窗口，如图 11-29 所示。

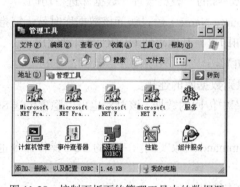

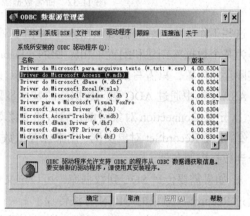

图 11-28 控制面板下的管理工具中的数据源   图 11-29 ODBC 数据源管理器

这里有 Windows 提供的驱动程序管理器。选择"驱动程序"选项卡，可以查看本机上安装的驱动程序是否含有 Mirosoft Access Driver，从图 11-29 可见，本机安装了 Access 驱动程序。

然后在机器上设置 Access 数据源，方法如下。

在"ODBC 数据源管理器"窗口中选择"系统 DSN"选项卡，如图 11-30 所示。

单击"添加"按钮，弹出"创建新数据源"对话框，如图 11-31 所示。

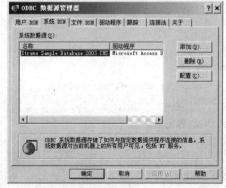

图 11-30 选择"系统 DSN"选项卡   图 11-31 创建新数据源对话框

选择 Microsoft Access Driver（*.mdb）项，然后单击"完成"按钮，弹出"ODBC Microsoft Access 安装"对话框，在本框的"数据源名"文本框中输入"教材"，然后单击"选择"按钮，在出现的"选择数据库"对话框内，选择驱动器、目录，选取"教材管理.mdb"数据库，最后单击"确定"按钮，如图 11-32 所示。

图 11-32　命名数据源并设置 Access 数据库

这些工作完成，后面就可以在 ASP 文档中对 Access 的"教材管理"数据库进行访问。

为某个数据库创建和配置了相应 DSN（Data Source Name）后，访问该数据库时就无需指明其实际存储位置，只需写出引用该 DNS 的 SQL 语句即可，其他事情 ODBC 会自动完成。

ASP 文档中通过 ADO 访问数据库的基本步骤如下。

① 定义 Connection 对象实例，然后建立该对象到数据库的连接。

② 定义 RecordSet 对象实例，用来保存从数据库中传回的数据。该对象也可以隐含传送 SQL 命令到数据库服务器。

③ 如果需要传送 SQL 到数据库，可以定义 Command 对象实例。一般的 SQL 操作命令也可以通过 RecordSet 对象的 OPEN 方法传递。

④ 访问完毕，关闭、撤销网页文件到数据库的连接。

3. 常用的建立 Access 数据库连接的方法

在 ASP 中应 ADO 访问 Access 数据库，可采用以下 3 种连接方法。

① 直接使用 Access 驱动程序连接。

② 通过 ODBC 中定义的 DSN 连接。

③ 通过 OLE DB 的方式连接。

以下简介连接并访问数据库的 ASP 程序框架。下面的示例采用驱动程序方式连接 Access 数据库，代码如下。

```
< %
DbPath = Server. MapPath(数据库名)
set Conn = Server.CreatObject("ADODB.Connection")
Conn.Open"driver = {Microsoft Access Driver(*.mdb)}; dbq = " &  DbPath
Set rs = Server.CreatObject("ADODB.RecordSet")
rs.Open 表名或 SQL 指令,Connection 对象,RecordSet 类型,锁定类型
…
% >
```

除服务器脚本标识< %，% >外，其他各步骤的含义如下。

程序第 1 行：利用 Server 对象的 MapPath 函数取得要打开的数据库的完整文件路径，并存储

在变量 DbPath 中。其中，数据库名是需要指定的实际名称。例如，数据库是 Test.mdb，则该行程序是 DbPath = Server.MapPath("Test.mdb")。

程序第 2 行：建立一个 ADO 对象集中的 Connection 对象实例，这是建立数据库连接的初始步骤。执行这行程序后，Conn 成为一个 Connection 对象。

程序第 3 行：利用连接对象 Conn 的 Open 方法打开一个指定的数据库，这里指定 ODBC 驱动程序参数，表示直接透过 Access 的 ODBC 驱动程序来访问数据库 driver = {Microsoft Access Driver（*.mdb）}。另一个参数 dbq = & DbPath，是利用第 1 行的 Server.MapPath(数据库名)函数，用来确定数据库文件的位置。这样就可以打开数据库名指定的数据库了。如果数据库名是 test.mdb，则打开 Access 数据库 test.mdb。这里一行里指定的参数，要严格按照格式原样来写定，不能省略或改动，也没有可变参数。

程序第 4 行：建立一个 ADO 对象集中的 RecordSet 对象实例，以便利用 RecordSet 对象操作数据库，当然，这只是对数据库操作的多种方式之一。rs 是一个 RecordSet 对象。

程序第 5 行：利用 rs 对象的 Open 方法打开数据库中的数据表。这其中有 4 个参数，其意义如下。

① 数据表名或 SQL 指令串。在这个参数里指定要打开数据库中的表的名称，或者是用 SQL 的 SELECT 语句确定的查询表得到的数据。例如，数据库 test.mdb 中有数据表 Number，则该参数变成为 Number，注意引号不能丢。若想打开数据表 Number 中 xh 字段值小于 90 的数据记录，则该参数可能成为如下形式。

```
Select * From Number Where xh<90
```

② Connection 对象。指定已经打开的数据库的 Connection 对象，在这里是 Conn。

③ RecordSet 类型。表示打开表的方式，有 4 种选择：数字 0 表示只读方式且当前记录只能下移；数字 1 表示可读写方式且当前记录可自由上下移动，但不能及时看到别的用户建立的新记录，除非重新启动；数字 2 表示可读写方式且当前记录可自由上下移动，而且可以及时看到别的用户增加的新记录；数字 3 表示只读方式，但当前记录可以自由移动。一般选择 2 为好，除非为了禁止数据被修改才有可能选择别的。

④ 锁定类型。指定数据库的锁定功能。因为网络上的数据库都是多用户的，很可能有多个用户在同时操作数据库。为了避免错误，让同一时间内只可能有一个用户修改数据，就要用锁定功能。有 4 种选择：数字 1 表示只读方式锁定，用户不能更改数据；数字 2 表示悲观锁定，当一个用户用 rs 对象开始修改数据时，就锁定了数据库，直到用户用 rs. Update 更新记录后，才解除锁定；数字 3 表示乐观锁定，只有在数据写入数据库时时才锁定，不保险；数字 4 表示批次乐观锁定，只有在使用 rs. UpdateBatch 成批更新数据时才锁定数据记录，属于很少使用的一种选择。一般地，使用悲观锁定比较安全，但效率要低些。

4. 使用 RecordSet 对象操作数据

用上面的方法连接数据库，然后利用 RecordSet 对象表达与连接的数据库中的表的有关数据。RecordSet 对象实例位于 Web 服务器上，无论是将数据传到服务器，还是从数据库上获得数据，对数据操作都要使用该对象。

用 rs.open" 表名"，Conn，2，2 方式打开表，可以方便地对数据进行操作，常见的操作方法如下。

① rs.addnew：添加一个新记录在表末尾。

② rs.delete：删除当前记录。

③ rs.eof：判断是否移过最后记录。

④ rs.bof：判断是否移过首记录。

⑤ rs.update：数据修改生效。

⑥ rs. ("字段名")：当前记录指定字段的值。

⑦ 从表中提取数据：用 x = rs ("字段名")的格式，提取表中当前记录指定字段的值。

⑧ 向表中填入或修改数据：用 rs ("字段名") = 数据值或变量的方式，修改当前记录指定字段的值。

5. 使用 SQL 指令操作数据

在使用 SQL 指令对数据库进行操作时，要用如下方式打开数据库和操作。

```
< %
DbPath = Seever.MapPath (数据库名)
Set Conn = Server.CreatObject ("ADODB.Connection")
Conn.Open"driver = {Microsoft Access Driver ( *.mdb)}; dbq = "& DbPath
Sql = 操作数据库的指令串
Conn.Execute.sql
…
% >
```

其中，Conn.Execute 是使用了连接对象 Conn 的"执行（Execute）"方法。

6. 使用 DNS 连接数据库

在以上连接数据库的方式中，都是在程序中指定数据库，指定 ODBC 驱动程序。如果数据源有变化，就需要修改程序。如果预先定义好数据源 DSN，就可以避免这个麻烦。

在定义 DSN 的过程中，就已经指定好了数据源需要的 ODBC 驱动程序，也指定好了数据库文件的实际路径和名字，因此在程序中，只需要引用预先定义的数据源名 DSN 即可。

设定义好了的 DSN 为"教材"，则打开数据库的方式如下。

```
< %
Set Conn = Server.CreatObject ("ADODB.Connection")
Conn.Open"DSN = 教材"
Set rs = Server.CreatObject ("ADOD B. RecordSet")
rs.Open 表名或 SQL 指令，Connection 对象，RecordSet 类型，锁定类型
…
% >
```

以上示例仅仅介绍访问数据库的框架。在 SAP 程序中，建立数据库的连接和访问数据库，有很多方式和技术细节，在此无法详细叙述。实际上，对其他数据库、文本文件和电子表格等，也都可以很方便地打开和访问，与对 Access 数据库的访问大同小异。

使用系统数据源 DSN 的方式建立对数据库的连接，具有更大的灵活性，也更简单些。

7. 简单的动态网页示例

以下以教材发放为例，编写两个 ASP 程序。

第 1 个示例的程序代码采用常用方法编写，第 2 个使用 SQL 指令操作数据库。请仔细体会这两个示例的异同。

【例 11-1】 编写动态网页，保存为 list_empl.asp。

```
<html>
    <head>
        <title> 教材发放系统---显示员工姓名</title>
```

```
    </head>
    <body>
        <H2.align = "center"> 以下是员工姓名 </H2>
        <p align = "center">
        <br>
        < %
        DbPath = Server.MapPath("教材管理.mdb")
                        <! -- 教材管理.mdb 为库名-- >
        Set Conn = Server.CreatObject ("Adodb.Connection")
                        <! -- 建立名为 conn 的 Connection 对象-- >
        Conn.Open"driver = {Microsoft Access Driver ( *.mdb)} ;dbq = "& DbPath
                        <! -- 调用 Connection 对象的 Open-方法打开数据库-- >
        Set rs = Server.CreatObject ("Adodb. RecordSet")
        Sql = "select * from员工"
        rs.open sql , conn ,1,1
        do while not rs.eof
                        <! -- 开始记录的循环 -- >
        % >
        < % = rs ("姓名") % >
                        <! -- 姓名为表中的字段名-- >
        </br>
        < %
        rs.movenext
                        <! -- 每条记录的字段的循环指针下移 -- >
        loop
                        <! -- 循环下一记录 -- >
        rs.close
        set rs = nothing
                        <! - 关闭名为 conn 的 Connection 对象 -- >
        % >
        <br>
    </body>
</html>
```

【例 11-2】 编写动态网页，保存为 list_emp2.asp。

```
<html>
<head>
    <title> 教材发放系统---显示员工姓名 </title>
</head>
<body>
        <H2.align = "center"> 以下是员工姓名 </H2>
        <p align = "center">
        <br>
        < %
        Set Conn = Server.CreatObject ("Adodb.Connection)
                    <! -- 建立名为 conn 的 Connection 对象 -- >
        Connstr = "DNS = 教材;DATABASE = 教材管理.mdb"
                    ' 定义通过系统 DSN 方式访问 Access 数据库的字符串
        Conn.Open  connstr
                <! -- 打开数据库 -- >
```

```
Set rs = conn.execute ("select * from 员工")
                <! - 从员工表中提取所有数据放在 rs 里并指向第一条记录 -- >
do while not rs.eof
                    <! -- 开始记录的循环 -- >
% >
< % = rs ("姓名") % >
                    <! -- 姓名为表中的字段名-- >
</br>
< %
rs.movenext
                    <! -- 每条记录的字段的循环指针下移 -- >
loop
                    <! -- 循环下一记录 -- >
rs.close
set rs = nothing
                    <! - 关闭名为 conn 的 Connection 对象 -- >
% >
<br>
```
```
</body>
</html>
```

把所建的文件保存到虚拟目录的路径，然后在 IE 地址栏输入 URL，将会看到两个案例的页面显示是相同的。

这里的两个简单例子向读者展示了用 ASP 开发的服务器端动态网页示例，以及在网页中通过应用 ADO 访问数据库的方式，目的在于使读者了解到基于 Web 的数据库 B/S 应用模式的概念和框架知识。但这仅仅是一个引导，这方面的专业知识需要进一步学习 ASP 及其他关于动态网页的相关知识。这里不多介绍。

11.7　XML 介绍

XML（Extensible Markup Language，可扩展标记语言），用于标记电子文件使其具有结构性的标记语言，可以用来标记数据、定义数据类型等。可扩展标记语言 XML 的出现和应用，为计算机网络的发展开辟了一个广阔的、崭新的前景。

XML 已经成为当前非常重要的技术热点。

1．XML 概述

XML，可扩展标记语言。所谓标记，是指计算机所能理解的信息符号。通过这种标记，计算机之间可以处理包括包含有各种信息的文档等。如何定义这些标记，既可以选择国际通用的标记语言如 HTML，也可以使用像 XML 这样由相关人员自由决定的标记语言，这就是语言的可扩展性。XML 是从 SGML 中简化修改出来的，主要用到的有 XML、XSL 和 XPath 等。

以上可以说是 XML 的一个基本定义，也是一种被广泛接受的说明。简单地说，XML 就是一种数据的描述语言，虽然它是语言，但在通常情况下，它并不具备常见语言的基本功能，即被计算机识别并运行的功能。XML 需要另一种语言来解释它，使它达到人们所想要的效果或被计算机所接受。

刚接触 XML 的新手，一般无法从定义上了解 XML 是什么，我们可以换个角度来认识，即从应用领域、从 XML 能做些什么来认识，可以说这样比理解空泛的定义更有帮助和更有效。

XML 的应用主要分为两种类型：文档型和数据型。

以下介绍几种常见的 XML 应用。

① 自定义 XML+XSLT => HTML，是最常见的文档型应用之一。XML 存放整个文档的 XML 数据，然后 XSLT 将 XML 转换、解析，结合 XSLT 中的 HTML 标签，最终成为 HTML，显示在浏览器上。典型的例子是 CSDN 上的帖子。

② XML 作为微型数据库，这是最常见的数据型应用之一。我们利用相关的 XML、API（MSXML、DOM、JavaDOM 等）对 XML 进行存取和查询。留言板的实现中，就经常可以看到用 XML 作为数据库。

③ 作为通信数据。最典型的就是 Web Service，利用 XML 来传递数据。

④ 作为一些应用程序的配置信息数据。常见的如 J2EE 配置 Web 服务器时用的 Web.XML。

⑤ 其他一些文档的 XML 格式，如 Word、Excel 等。

⑥ 保存数据间的映射关系，如 Hibernate。

以上介绍的 6 种应用基本涵盖了 XML 的主要用途。

总之，XML 是一种抽象的语言，它不如传统的程序设计语言那么具体，要深入认识它，就要从它的应用入手，选择一种你需要的用途，然后再学习如何使用。

2. XML 文档

XML 文档使用的是自描述的、简单的语法，一个 XML 文档最基本的构成包括声明、处理指令（可选部分）和元素。以下是一个描述学生档案的简单 XML 文档。

```
<?XML?version? = "1.0"encoding = "GB2312"standalone = "yes" ?>
< ?XML-stylesheet type = "text/xsl"href = "yxfqust.xsl" ?>
        <! -- 以下是学生名单描述 -- >
<学生名单>
  <学生>
      <学号>2013081205</学号>
      <姓名> 李娜</姓名>
      <班级>信管 1302</班级>
  </学生>
  <学生>
      <学号>2013081206</学号>
      <姓名> 陈琴</姓名>
      <班级>软件工程 1303</班级>
  </学生>
  </学生名单>
```

第 1 行是 XML 声明，第 2 行是处理指令，第 3 行是注释，第 4-15 行就是文档的各个元素。

注意，XML 是严格区分字母大小写的。

具体介绍如下。

（1）文档的声明

【格式】<?XML?version? = "1.0"encoding = "GB2312"standalone = "yes" ?>

XML 标记说明它是一个 XML 文档，后面两个属性值表明了它的版本号和编码标准，

standalone 取 yes 表明该文件未引用其他外部 XML 文件。

（2）处理指令

【格式】<？处理指令名 处理指令信息 ？>

如：<?XML–stylesheet type = "text/xsl" href = "yxfqust.xsl" ?>

（3）注释

【格式】<!--注释内容-->

例如，<!-- 以下是学生名单描述 -->

注释不能出现在 XML 声明之前、不能出现在标记中。

一个注释中不能出现连续两个连字符"--"，例如，如下程序是错误的。

< !–this is a bad document. --do you know! -- >

注释中可包含元素，但元素中不能包含"--"，注释中包含的元素在解析时被忽略。

注释不可嵌套。

（4）元素与标志

所有的 XML 元素必须合理包含，且所有的 XML 文档必须有一个根元素。如同 HTML 一样，XML 元素同样也可以拥有属性。XML 元素的属性以名字/值成对出现。XML 语法规范要求 XML 元素属性值必须使用引号。下面两个例子第一个是错误的，第二个是正确的。

① `<?XML?version? = "1.0"encoding = "ISO-8859-1" ?>`
`<note date = 12/11/2013>`
`<to> Tove</to>`
`<from>Jani</from>`
`</note>`

② `<?XML?version? = "1.0"encoding = "ISO-8859-1" ?>`
`<note date = "12/11/2013">`
`<to> Tove</to>`
`<from>Jani</from>`
`</note>`

【格式】<标记 属性名 1 = "值 1"…>数据内容</标记>

XML 元素是可以扩展的，它们之间有关联。XLM 元素的简单命名规则如下。

① 元素的名字可以包含字母、数字和其他字符。

② 元素的名字不能以数字或标点符号开头。

③ 元素的名字不能以 XML 或"XML，XML，…开头。

④ 元素的名字不能包含空格。

元素是 XML 文档的灵魂，它构成了文档的主要内容。XML 元素则是由标记来定义的，同时标记分为空标记和非空标记两种。

① 空标记。

【格式】<标记名 属性名 = "属性值"，属性名 = "属性值"…>

例如：

`<李娜 学号 = "2013081205">`

② 非空标记。

【格式】<标记>元素内容</标记>

例如：

<学号>2013081205</学号>

<姓名> 李娜</姓名>

<班级>信管 1302</班级>

同时，元素也支持合理的嵌套。前面学生档案例中，学生名单和学生就是一层嵌套。嵌套需满足以下规定。

① 所有 XML 文档都从一个根节点开始，根节点包含了一个根元素。

② 文档内所有其他元素必须包含在跟元素中。

③ 嵌套在内的为子元素，同一层的互为兄弟元素。

④ 子元素还可以包含子元素。

⑤ 包含子元素的元素称为分支，没有子元素的元素称为树叶。

数据既可以存储在子元素中，也可以存储在属性中。

应尽量使用子元素而避免使用属性，原因有以下 5 点。

① 属性不能包含多个值（子元素可以包含多个值）。

② 属性不容易扩充。

③ 属性不能描述结构（子元素可以描述结构）。

④ 属性很难被程序代码处理。

⑤ 属性值很难通过 DTD 进行测试。

3. 在 Access 中使用 XML 交换数据

XML 目前是数据交换的标准。用 XLM 标记标示的数据本身并不与具体的软件有关，而目前很多软件都支持 XML 的格式，因此，XML 就可以作为数据交换的平台。例如，用 Access 保存的数据可以转换为 XML 格式，也可以将 XML 格式的数据导入为 Access 中的数据。

【例 11-3】　将教材管理数据库中的出版社表导出为 XML 文档

[操作步骤]

① 进入 Access 教材管理数据库窗口并选择表对象。

② 选择"出版社"表，右击，在弹出的快捷菜单中选择"导出"命令，如图 11-33 所示。

执行"导出"命令即弹出"将表'出版社'导出为"对话框，取定保存的文件名为出版社 XML，选择数据保存类型为 XML，如图 11-34 所示。

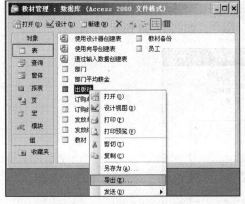

图 11-33　选择"导出"命令

图 11-34　导出出版社表

单击"导出"按钮，弹出导出信息类型选择对话框，如图 11-35 所示。

其中的 XLM 类型保存数据，XSD 类型保存数据的结构描述，XSL 类型则保存导出显示数据的格式化信息，选中数据（XML）和数据架构（XSD）复选框，单击"确定"按钮，保存数据的 XML 文档。所生成的文件图标如图 11-36 所示。

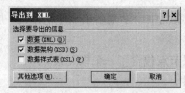

图 11-35　导出信息的类型　　　　　　　　图 11-36　导出生成的文件图标

现在用记事本打开保存的"出版社 XLM.xlm"文档，可以看到图 11-37 所示的标记文档内容（部分）。这个文档可以再在其他软件中导入，从而实现数据交换，也可以通过网络进行传输。

同样用记事本打开保存的"出版社 XLM.xsd"文档，可以看到图 11-38 所示的文档内容（部分）。

图 11-37　导出出版社的 XML 文档内容

图 11-38　出版社 XLM.xsd 文档内容部分

如果 Access 要将 XML 文档转换过来，操作方法是使用"导入"。在 Access 数据库的表对象窗口的空白处右击，在弹出的快捷菜单中选择"导入"命令，如图 11-39 所示。

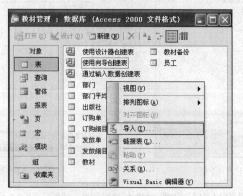

图 11-39　选择"导入"命令

在弹出"导入"对话框中选择 XML 文件类型，然后确定要导入的文件，如图 11-40 所示。单击"导入"按钮，即进入"导入 XML"窗口，如图 11-41 所示。单击"确定"按钮，即可将 XML 文档导入并转换为 Access 的表。

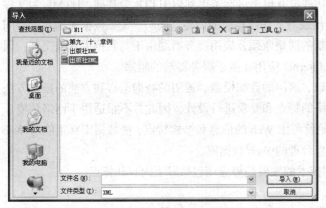 

图 11-40 "导入"对话框   图 11-41 "导入 XML"对话框

11.8 Web 数据库技术应用前沿

20 世纪 70 年代后期，社会大系统中出现了巨大的信息流和随之相伴的宏大的数据流，为适应和满足社会上对数据流的需要，促使人们必须采用新的技术和手段来对这些数据进行收集、存储、加工、检索、分类、统计和传输等。这时的数据库技术被广泛地应用于数据管理领域。随着 Internet 的迅速普及，人们对数据共享和联机实时处理的要求也越来越高，于是数据库技术又在不断地发展改进。

由于 Web 的易用性和实用性，它很快占据了主导地位，目前已经成为使用最为广泛、最有前途、最有魅力的信息传播技术。不过，Web 服务只是提供了 Internet 上信息交互的平台，要想实现真正的 Internet 技术，就要将人、企业、社会与 Internet 融为一体，这就要靠信息化应用的实现。

电子商务是以 Web 网络技术和数据库技术为支撑的。其中 Web 数据库技术是电子商务的核心技术。支持电子商务已经成为各大厂商竞争的焦点，Web 数据库的发展成为新的热点和难点。Web 数据库就是能将数据库技术与 Web 技术很好地融合在一起，使数据库系统成为 Web 的重要有机组成部分的数据库，能够实现数据库与网络技术的有机结合。

目前，关系数据库的应用范围最广，占据了数据库的主导地位。关系数据库最初设计为基于"主机/终端"方式的大型机上应用，其应用范围较为有限。随着"客户机/服务器"方式的流行和应用向客户机方的分解，关系数据库又经历了"客户机/服务器"时代，并获得了极大的发展。随着 Internet 应用的普及，由于 Internet 上信息资源的复杂性和不规则性，关系数据库初期在开发各种网上应用时显得力不从心，表现在无法管理各种网上的复杂文档型和多媒体型数据资源，后来关系数据库对于这些需求做出了一些适应性调整，如增加数据库的面向对象成分以增加处理多种复杂数据类型的能力，增加各种中间件（主要包括 CGI、ISAPI、ODBC、JDBC、ASP 等技术）以扩展基于 Internet 应用能力，通过应用服务器解释执行各种 HTML 中嵌入脚本来解决 Internet 应用中数据库的显示、维护、输出以及到 HTML 的格式转换等。此时关系数据库的基于 Internet

应用模式典型表现为一种三层或四层的多层结构。在这种多层结构体系下，关系数据库解决了数据库的 Internet 应用的方法问题，使基于关系数据库能够开发各种网上数据库数据的发布、检索、维护和数据管理等一般性应用。

但是，可以说关系数据库从设计之初并没有也不可能考虑到以 HTTP 为基础、HTML 为文件格式的 Internet 的需求，只是在 Internet 出现后才作出相应的调整。同时，关系数据库的基于中间件的解决方案又给 Internet 应用带来了新的网络瓶颈，应用服务器端由于与数据库频繁交互，因其本身的效率和数据库检索的效率造成 Internet 应用在由于服务器端的阻塞。

虽然关系数据库具有完备的理论基础、简洁的数据模型、透明的查询语言和方便的操作方法等优点，但是由于它本身并没有针对网络的特点和要求进行设计，因此并不很适用于网络环境。应用研究开发新的数据库技术，从一开始就考虑 Web 的信息和结构特点，使数据库真正能与 Web 融合为一体，充分利用二者的特点，建立合理的 Web 数据库。

考察 Web 应用的特点，Web 数据库技术的发展趋势应该包括以下内容和特点。

（1）非结构化数据库

在信息社会，信息可以划分为两大类。一类信息能够用统一的数据结构加以表示，称为结构化数据，如数字、字符；另一类信息无法用数字或统一的结构表示，如文本、图像、声音和网页等，称为非结构化数据。应该说，结构化数据是非结构化数据的特例。

随着网络技术的发展，特别是 Internet 和 Intranet 技术的飞快发展，使得非结构化数据的数量日趋增大。这时，主要用于管理结构化的关系数据库的局限性暴露得越来越明显。因而，数据库技术相应地进入了"后关系数据库时代"，是基于网络应用的非结构化数据库时代。所谓非结构化数据库，是指数据库的变化记录由若干不可重复和可重复的字段组成，而每个字段又可以由干不可重复和可重复的字段组成。简单地说，非结构化数据库就是字段可变的数据库。

目前，我国和其他国家都展开了对非结构化数据库的研究和开发，例如北京国信贝斯（iBase）软件公司开发的 iBase 数据库就是非结构化数据库系统。

iBase 数据库系统是一种面向最终用户的非结构化数据库系统，在处理非结构化信息、全文信息、多媒体信息和海量信息等领域以及 Internet/Intranet 应用上具有很高的水平，在非结构化数据的管理和全文检索方面获得突破。它主要包括以下特点。

① 在 Internet 应用中，存在大量的复杂数据类型，iBase 通过其外部文件数据类型可以管理各种文档信息、多媒体信息，并且对于各种具有检索意义的文档信息资源如 HTML、DOC、RTF 和 TXT 等，还提供了强大的全文检索能力。

② iBase 采用子字段、多值字段以及变长字段的机制，允许创建许多不同类型的非结构化的或任意格式的字段，从而突破了关系数据库非常严格的表结构，使非结构化数据得以存储和管理。

③ iBase 将非结构化和结构化数据都定义为资源，使非结构化数据库的基本元素就是资源本身，而数据库中的资源可以同时包括结构化和非结构化的信息。所以，非结构化数据库能够存储和管理各种各样的非结构化数据，实现了数据库系统数据管理到内容管理的转化。

④ iBase 采用了面向对象的技术，将企业业务数据和商业逻辑紧密结合在一起，特别适合于表达复杂的数据对象和多媒体对象。

⑤ iBase 是适应 Internet 发展需要而产生的数据库，它基于"Web 是一个广域网的海量数据库"的思想，提供一个网上资源管理系统 iBase Web，将网络服务器（Web Server）和数据库服务

器直接集成为一个整体，使数据库系统成为 Web 的一个重要有机组成部分，突破了数据库仅充当 Web 体系后台角色的局限，实现数据库和 Web 的有机无缝组合，从而为在 Internet/Intranet 上进行信息管理乃至开展电子商务应用开辟了更为广阔的领域。

⑥ iBase 全面兼容各种大中小型的数据库，对传统关系数据库，如 Oracle、Sybase、SQL Server、DB2 和 Informix 等提供导入和链接的支持能力。

可以看到，随着网络技术的飞快发展，完全基于 Internet 应用的非结构化数据库将成为继层次数据库、网状数据库和关系数据库之后的又一重要的数据库技术。

（2）异构数据库系统

历史的原因，Internet 上的数据库系统不少是分布、异构的。Internet 上大量信息必须通过数据库系统才能有效管理。那么，Internet 环境下分布式海量信息情况下如何建立合理、高效的海量数据库，成为我们亟待解决的问题。针对目前关系型数据库占据了绝大多数市场的情况，要实现网络环境下的海量信息共享，就必须联合各个异构数据库，使得数据库之间能够通过主动式的超文本链接，使得交叉引用的数据可以被很容易地检索到。

相互关联的数据库可以很容易地被归纳在一起，创建一个单一的虚拟数据库，也称异构数据库系统。异构数据库系统是相关的多个数据库系统的集合，可以实现数据库的共享和透明访问，每个数据库系统在加入异构数据库系统之前本身就已存在，拥有自己的 DBMS。它的异构性主要体现在以下几个方面：计算机体系结构的异构；基础操作系统的异构；DBMS 本身的异构。它的目标在于实现不同数据库之间的数据信息资源、硬件设备资源和人力资源的合并和共享。

公司企业在 Internet 环境下实现电子商务，它的实际应用环境非常复杂，它们可能分布在不同的地理位置，使用不同的数据组织形式和操作系统平台，加上应用不同所造成的数据不一致问题，如何将这些高度分布的数据集中起来充分利用，成为亟待解决的问题。因此，建立在异构数据库系统基础上的数据仓库技术便产生了。

数据仓库是 20 世纪 90 年代信息技术构架的新焦点，它提供集成化和历史化的数据，集成种类不同的应用系统，数据仓库从事物发展和历史的角度来组织和存储数据，以供信息化和分析处理之用。它是集成的、以主题为向导的、不可更新的、随时间不断变化的数据集合。数据仓库可以从异构数据库系统中的多个数据库，来建立统一的全局模式，同时收集的数据还支持对历史数据的访问，用户通过数据仓库提供的统一的数据接口进行决策支持的查询。在数据仓库的基础上，又可以进行数据挖掘、Web 挖掘。实现真正的信息检索查询。

目前，异构数据库系统的集成以及建立此基础之上的数据仓库、数据挖掘已经成为网络数据库技术研究的重点之一。著名的国内外数据库厂商也将异构数据库系统作为竞争的焦点，研究如何将原来传统的、可能分布于各地的多个关系数据库集成起来，进行改进和发展，形成虚拟异构数据库系统和数据仓库，更好地为企业信息化和电子商务服务。

第 12 章
数据交换及 Excel 应用

现在我们明了，在 Access 数据库系统中使用 Access 数据库中的 Access 表是理所当然的。实际上，Access 数据库系统不仅能使用 Access 表，而且还可以使用其他类型的文件中的数据，包括其他数据库系统中的表数据、电子表格中的数据、超链接文本数据和基于文本文件中的数据。

本章将讨论关于 Access 与外部数据的交换，同时还以电子表格中的数据使用为例，讨论电子表格 Excel 与 Access 表的数据交换，并借用 Access 不具备的、Excel 所拥有的强大的数学分析方法来对数据进行分析。

12.1　Access 外部数据

Access 数据处理中，凡是不在当前 Access 数据库中存储，在其他数据库或程序中的数据，我们就称为 Access 外部数据。

Access 与其他程序之间交换信息是一项基本的功能。实际应用中，为了充分利用不同程序优势功能，需要在不同软件程序之间移动数据。例如，将 Access 中的数据移动到 Excel 中，再由 Excel 对移来的数据加工；或将 FoxPro 数据库系统中的数据移动到 Access 中，在 Access 中使用。这些都属于 Access 数据交换。

Access 可以与许多不同的应用程序软件交换数据，如其他的 Windows 应用程序、其他的数据库系统、电子表格及基于服务器的数据库系统文本等。

1. 外部数据类型

在不同的应用程序软件中，信息以不同的数据格式来存储、有不同的数据类型。

Access 可以和十多种不同文件类型交换数据，主要有：Access 不同版本的数据库对象，SQL Server，DBASE 数据库数据文件，FoxPro 数据库的数据文件，文本数据文件，Excel 表格数据文件，HTML、XML 表，Outlook、Outlook Express 等。

2. 外部数据的使用

Access 能通过链接、导入和导出等方式来使用外部数据资源。

所谓链接，是指与另一个 Access 数据库表或不同格式数据库里的数据建立链接关系；导入则是将其他应用程序中的数据移动到 Access 数据库内；而导出就是指 Access 将数据库表中的数据移动到其他应用程序中，比如将 Access 中的数据移动到 Excel 中，称为数据库数据的导出。

链接和导入这两种方式都可以使用外部数据，但这两种方法有明显的区别：

链接是以被链接数据的当前文件格式来使用，即 Access 调用的外部数据保持原文件格式不变；导入则是对外部数据制作了一个副本，然后将副本移动到 Access 表中，供 Access 系统使用。

以下我们介绍运用链接和导入方式来使用外部数据。

（1）运用链接方式使用外部数据

Access 能运用链接方式使用其他应用程序中的数据，并和其他应用程序共享数据文件。在这种方式下，Access 可以修改其他程序中建立的数据文件，如 Excel 表中的数据，而不改变原有数据文件的存储格式，即 Excel 表，同时，原来的应用程序如 Excel 系统，仍然能够使用这个 Excel 表文件中的数据。

实际中，运用链接方式有时是必要的。如用户使用共享于网络中的数据，网络中的这个数据是以其他程序来建立的，使用中既要允许 Access 可以对其编辑，又要保证原应用程序可以对数据继续更新和使用。

链接的数据可以是另一个 Access 数据表、文本数据文件、Excel 表格数据文件等。Access 可以链接 HTML 表和文本表，但只能对其执行只读访问，即浏览 HTML 或文本格式的表，不能对其更新，也不能添加记录。

使用链接方式的最大缺点是，不能运用 Access 进行表之间的参照完整性（除非链接的就是 Access 数据库）这一强大的数据库功能。用户只能设置非常有限的字段属性，不能对表添加基于表的约束规则，也不能指定主键等操作。

（2）运用导入方式使用外部数据

Access 的数据导入功能较强，能够将外部数据源从物理上放进一个新的 Access 表中。Access 在导入时，自动把数据从外部数据源的格式转换为 Access 数据表的格式，并复制到 Access 中，以后使用这些数据就在 Access 中使用。因为导入是对原数据另外制作了一个副本，所以在 Access 中对导入的数据无论进行什么操作，都不会改变原来的数据源的格式和内容。

由于导入的数据已经被转换为 Access 表，所以对导入的数据可以作修改结构、改变数据类型、改变字段名、设置字段属性等操作，也可以对导入的表施行基于表的规则，指定主键等操作。

12.2　链接外部数据

将数据从一种应用软件格式复制或转换到另一种格式，将耗费相当的时间成本，有时还可能发生失败。Access 通过链接方式分别或同时直接链接多个数据库管理系统表，也可链接非 Access 数据库表，如 dBASE、FoxPro 表，也可以链接非数据库表，如电子表格、HTML 表格和文本表格等。

以链接方式使用外部数据，大大减少了数据格式的转换过程，节约了 CPU 的时间成本和存储资源的空间成本。

在作链接操作时，要先进入 Access，再打开 Access 数据库.mdb 文件，一般不要用双击 Access 数据库.mdb 文件图标的方法进入 Access。

1. 概念

Access 可以链接许多不同的 DBMS 数据库表，直接访问它们存储的数据信息。Access 支持下列其他 Access 数据库系统中数据表的链接，如 dBASE、FoxPro（通过 ODBC 驱动程序）数据库表、SQL、Sybase、Oracle 数据库表等。Access 可以链接这些类型中的任何一个表。

Access 链接了一个外部文件，在 Access 数据库的"表"窗口中就会显示文件名和相应图标，如图 12-1 所示，但是和表关联的图标有所不同，它始于一个从左指向右的箭头，箭头指向某个图标，图标的右边是文件名，图标说明了被链接文件的类型。例如：

+国 **教材信息**：链接 Excel 表"教材信息．Xls"。

+🗒 **编者信息**：链接文本文件表"编者信息．txt"。

+🔵 **HTML表**：链接 HTML 文件表"HTML 表．html"。

+🖿 **课程**：链接其他 Access 表（教材管理库链接教学管理.mdb 下的课程表）。

图 12-1 表示链接教材管理数据库外部 4 个不同类型的数据文件。

某个表被链接到 Access 数据库中后，可以对它进行查询、将它与另一个表链接等操作。

将外部表链接到 Access 数据库后，不能将被链接的表移到其他驱动器或目录中。

Access 在产生链接时，并没有将被链接的文件转到当前数据库（MDB）文件中，而是通过"文件名和驱动器：路径"来维护链接。如果移动了外部表，则必须使用"链接表管理器"刷新链接。"链接表管理器"的使用方法，在本章第 12.3 节的"外部链接表的使用"中讲述。

图 12-1　链接外部文件的数据库表窗口

2. 链接其他 Access 数据库表

用户在使用 Access 数据库时，要在其中创建一个表，然后设计和输入数据。但是如果要使用的表存在于另一个 Access 数据库中，用户就可以链接该表，而不再去创建这个表，也就不用重复设计输入数据。这样既可以节省成本，又可以与另一个数据库共享一个表。

例如，与在同一台计算机中或在网络上的另一个 Access 表建立链接。链接建立后，就可以像使用所打开数据库中的表一样使用这个链接表。

链接 Access 数据库表的操作如下。

① 打开数据库，如打开"教材管理.mdb"。

② 选择"文件"→"获取外部数据"→"链接表"命令，见图 12-2；或在数据库视图内任意位置右击，在快捷菜单中选择"链接表"命令，见图 12-3。这时 Access 打开"链接"对话框，如图 12-4 所示。

图 12-2　选择"链接表"命令

图 12-3　选择"链接表"命令

使用"链接"对话框，选择要链接的.mdb 文件。也可以改变"链接"对话框中"文件类型"，链接其他类型的外部数据文件，如改变为 Microsoft Excel(*.xls)类型等。Access 系统默认情况下显示的是图 12-4 所示的链接 Access 类型文件。

③ 双击文件框中某个文件（或选中它并单击"链接"按钮），Access 将关闭"链接"对话框，并显示"链接表"对话框，如图 12-5 所示。

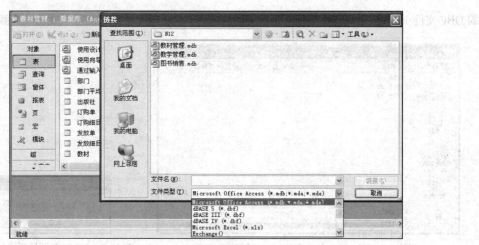

图 12-4 "链接"对话框

使用"链接表"对话框从中选择一个或多个要链接的文件。

④ 选择合适的数据文件之后，单击"确定"按钮。Access 将返回到数据库窗口，选中的表已链接到当前数据库中。如图 12-6 所示，"教学管理"数据库中的"课程"表链接到"教材管理"数据库中了。

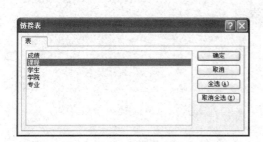

图 12-5 在"链接表"对话框中选择数据库表

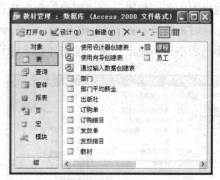

图 12-6 "教材管理"数据库中链接了
"教学管理"数据库中的"课程"表

3. 链接的一致性

Access 链接的文件格式必须与可以链接的文件类型一致。例如，Access 可以链接 dBASE 格式的.DBF 文件，如果链接成功，被链接的.DBF 文件在 Access 中就像本数据库的.DBF 文件一样使用。但被链接的.DBF 文件如果不是 dBASE 数据库表，如选择链接类型为 dBASE5，而实际被链接的是 Visual Foxpro 的.DBF 文件，则不能成功。请看下例。

链接操作如下。

① 打开数据库，如打开"教材管理.mdb"。

② 选择"文件"→"获取外部数据"→"链接表"命令（或在数据库视图内任意位置右击，并在快捷菜单中选择"链接表"命令）。

如图 12-4 所示，在"链接"对话框中"文件类型"下拉列表中选择 dBASE5 类型文件。这时文件框中有.DBF 文件出现，如图 12-7 所示，但它们是 Visual FoxPro 的 DBF 文件。

③ 双击某个文件如"课程.DBF"（或选中它并单击"链接"接钮）。如果类型一致，Access 将返回数据库窗口，但由于成绩.DBF、教师.DBF 和课程.DBF 都是非 dBASE5 类型（实际是 Visual Foxpro

的 DBF 文件), 系统提示 "外部表不是预期的格式", 如图 12-8 所示, 链接不成功。"确定"后返回。

图 12-7 dBASE5 文件类型下的可链接文件　　　　图 12-8 "外部表不是预期的格式"提示

4. 链接表的删除

可以从 Access 中将链接的表删除掉。注意这种删除操作只是删除外部表的链接, 即 Access 用来打开表的信息, 而不是表本身。

操作方法是在数据库窗口中选择要删除的外部表如 "课程.DBF", 然后按 Delele 键, 或者选择数据库中的 "编辑" → "删除" 命令执行, 如图 12-9 所示。

这时系统提示如图 12-10 所示, 说明删除的只是 Microsoft Office Access 用来打开表的信息, 而不是表本身。单击 "是" 按钮即删除课程.DBF 表。

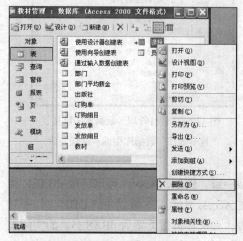

图 12-9 删除 "课程.DBF" 表　　　　　　图 12-10 删除 "课程.DBF" 表的提示

12.3　链接非数据库表

Access 可以链接非数据库表, 如 Excel 的.XLS 文件、HTML 的.HTM 文件、文本文件.TXT、Outlook 2003 的.OFT 文件等。

链接过程中, Access 会自动运行一个链接向导。向导中, 有一条显示 "第一行包含列标题" 且在本行显示的左边有正方形复选框。这是询问第一行是否包含列标题即字段的名称。可以单击左边复选框来选择它；如果第一行不包含字段名，就要我们指定出每个字段名的选择项，或接受默认字段名称字段 1、字段 2、字段 3……

1. 链接 Excel 文件工作表.xls

链接 Excel 文件工作表的操作如下。

① 打开数据库，如打开"教材管理.mdb"。

② 选择"文件"→"获取外部数据"→"链接表"命令（或在数据库视图内任意位置右击，并在快捷菜单上选择"链接表"命令）。

在"链接"对话框中"文件类型"的下拉列表中选择 Excel 类型文件。

③ 双击某个 Excel 类型文件如"教材信息.xls"（或选中它并单击"链接"按钮）。Access 将激活"链接数据表向导"对话框，图 12-11 为第一框。

单击"下一步"按钮，出现图 12-12 所示的第二框。在"链接数据表同导"的第二个对话框上，可以选择"第一行包含列标题"复选框，即将 Excel 表的第一行作为 Access 的字段名。

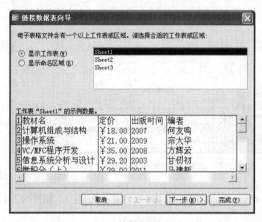
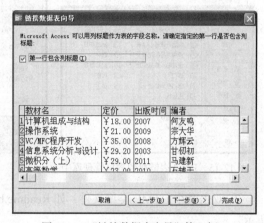

图 12-11　"链接数据表向导"第一框　　　　图 12-12　"链接数据表向导"第二框

单击"下一步"按钮，出现图 12-13 所示的第三框。在"链接数据表向导"的第三个对话框上，可以在"链接表名称"文本框中输入链接后在 Access 数据库中显示的表名，默认为 Sheet1，比如我们输入表名为"教材信息"，则链接后在 Access 数据库中显示的表名为"教材信息"。

④ 单击"完成"按钮，如图 12-14 所示，表明链接完成。

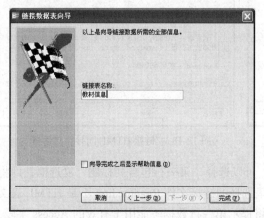

图 12-13　"链接数据表向导"第三框　　　　图 12-14　链接完成

单击"确定"按钮即返回到数据库窗口，显示表明，选中的 Excel 表已链接到当前数据库中。如图 12-15 所示，Excel 类型的"教材信息.xls"表链接到了"教材管理"数据库中。

2. 链接 HTML 表.htm

链接 HTML 表操作如下。

① 打开数据库，如打开"教材管理.mdb"。

② 选择"文件"→"获取外部数据"→"链接表"命令（或在数据库视图内任意位置右击，在快捷菜单中选择"链接表"命令）。

在"链接"对话框中"文件类型"下拉列表中选择"HTML 文档"类型，如图 12-16 所示。

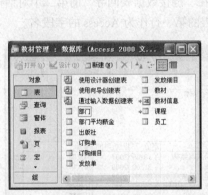

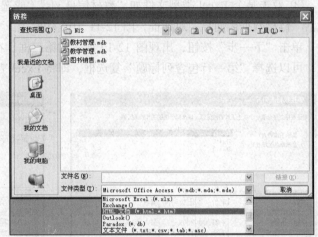

图 12-15　Excel 表链接到教材管理库中　　　　　图 12-16　选择文件类型 HTML 文档

③ 双击某个 HTML 类型文件，如 Readme.htm（或选中它并单击"链接"按钮），如图 12-17 所示。

Access 将激活"链接 HTML 向导"对话框，如图 12-18 所示。

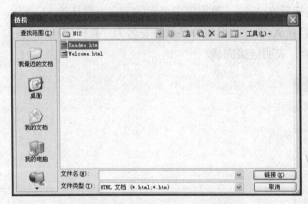

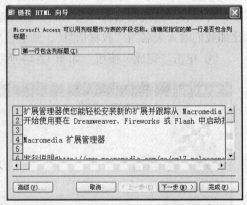

图 12-17　选中一个 HTML 文件　　　　　　　　图 12-18　"链接 HTML 向导"对话框

在"链接 HTMT 向导"的第一个对话框上，可以选择"第一行包含列标题"复选框，即将 HTML 表的第一行作为 Access 的字段名。我们这里选择的链接文件 Readme.htm 不是 HTML 表文件，这时选择"第一行包含列标题"复选框，系统将提示第一行数据不能用于有效的 Access 字段，如图 12-19 所示。

图 12-19　系统提示

这时确定后，可以不选择"第一行包含列标题"复选框。

在"链接 HTML 向导"的第二个对话框上，可以改变字段名及字段的数据类型，如图 12-20 所示。设我们使用默认字段名，也不改变字段的数据类型。

在"链接 HTML 向导"的第三个对话框上，可以在"链接表名称"文本框中输入链接后在 Access 数据库中显示的表名，设为 HTML 表，如图 12-21 所示。

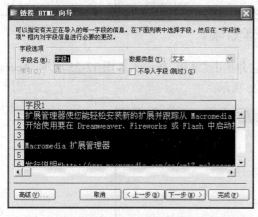

图 12-20　"链接 HTML 向导"第二对话框

图 12-21　"链接 HTML 向导"第三对话框

④ 单击"完成"按钮，系统提示如图 12-22 所示。

确定后，返回到数据库窗口，显示表明，选中的 HTML 文件已链接到当前数据库中。如图 12-23 所示，HTML 类型的"HTML 表.html"链接到"教材管理"数据库中。

图 12-22　链接 HTML 向导提示

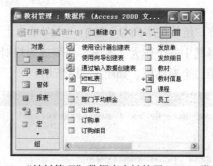

图 12-23　"教材管理"数据库中链接了 HTML 类型表

3. 链接文本表.txt

链接文本表操作如下。

① 打开数据库，如打开"教材管理.mdb"。

② 选择"文件"→"获取外部数据"→"链接表"命令（或在数据库视图内任意位置右击，在快捷菜单中选择"链接表"命令）。

在"链接"对话框中"文件类型"的下拉列表中选择"文本文件"类型文件，如图 12-24 所示。

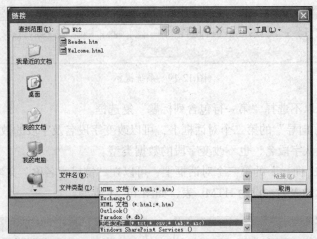

图 12-24　选择文本文件类型

③ 双击某个文本文件如编者信息.txt(或选中它并单击"链接"按钮)，如图 12-25 所示。Acccss 将激活 "链接文本向导" 对话框第一框，如图 12-26 所示。

图 12-25　选择一个文本文件为链接对象

在"链接文本向导"的第一个对话框上，有两个单选按钮（"带分隔符"和"固定宽度"），可以选择其中一个作为文本内容分隔成表格时的分隔符。单击"下一步"按钮，进入链接文本向导提示第二个对话框，如图 12-27 所示。

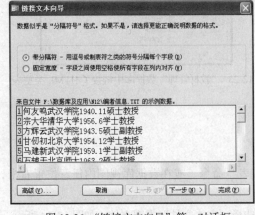

图 12-26　"链接文本向导" 第一对话框

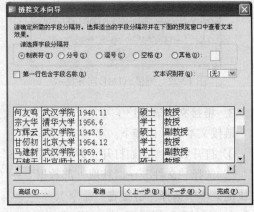

图 12-27　"链接文本向导" 第二对话框

在"链接文本向导"的第二个对话框上，选择字段的具体使用什么分隔符（制表符、分号、逗号等）。单击"下一步"按钮，进入"链接文本向导"第三个对话框，如图 12-28 所示。

在"链接文本向导"的第三个对话框上，可以改变字段名及字段的数据类型。单击"下一步"按钮，进入"链接文本向导"第四个对话框，如图 12-29 所示。

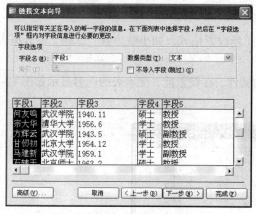

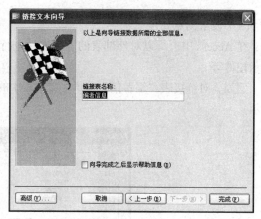

图 12-28 "链接文本向导"第三对话框　　　　图 12-29 "链接文本向导"第四对话框

在"链接文本向导"的第四个对话框上，可以在"链接表名称"文本框中输入链接后在 Access 数据库中显示的表名，这里使用"编者信息"作为链接表名称（是默认表名）。

④ 单击"完成"按钮，系统提示链接完成，如图 12-30 所示。

在系统提示链接完成框中单击"确定"按钮返回到数据库窗口，如图 12-31 所示，选中的文本表已链接到当前数据库中，即文本类型 txt 的"编者信息"表成功链接到"教材管理"数据库中。

图 12-30 系统提示链接完成

图 12-31 "教材管理"数据库中链接了文本
文件"编者信息"

4. 链接 Outlook 文件

链接 Outlook 文件表操作如前面的链接相同，但链接成功的要求是：计算机上必须装有 Microsoft Outlook、Outlook Express 或 Microsoft Exchange Server；并且可以登录到用户的电子邮件账户上。否则 Access 将无法运行 Exchange/Outlook 向导。

5. 外部链接表的使用

链接到 Access 中的外部表，可以像使用 Access 表一样使用它。对链接在 Access 中的外部表可以用于窗体、报表和查询的构建，还可以改变它们的许多属性如设定浏览属性、表之间的关系，对表重命名等。但也有许多表的属性不能改变，如表结构的重定义、删除字段、添加字段等。

注意

使用外部链接表时，一定要注意链接时的路径与使用时一致。比如在一台机器的某个逻辑盘的某个文件夹下链接了"编者信息.txt"，后面如果在另一台机器另一个文件夹下调用被链接的这个文本文件，系统将给出错误提示。遇到此类情况时，就要通过 Access 系统提供的"链接表管理器"这个工具来修正。下面将介绍"链接表管理器"。

（1）设置浏览属性

在 Access 中，可以对外部表的下列属性进行重新设置格式，如小数位数、标题、输入掩码、显示控件等。

例如，对链接表"编者信息.txt"（文本表）的属性，在设置前，文本表的内容显示如图 12-32 所示。

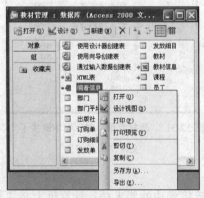

图 12-32　"教材管理"数据库中链接的"编者信息"属性修改前

表中的第一列的名字是"字段 1"，且没有智能标记字段 1 属性修改前的显示效果。

改变属性操作如下。

① 打开数据库"教材管理.mdb"。

② 将鼠标指针指向"编者信息"表，右击，并在快捷菜单中选择"设计视图"命令，如图 12-33 所示。

由于操作的表是一个链接表，因而系统的提示如图 12-34 所示。

图 12-33　选择"设计视图"命令　　　　　　　图 12-34　系统提示

③ 回答"是"，在打开的设计视图窗口中，选择要改变属性的字段，本例中选择"字段 1"，在字段 1 的常规"选项卡中的"标题"文本框内输入"姓名"，如图 12-35 所示。

再单击"智能标记"右边的输入框，则在右边出现"智能标记设置"按钮，如图 12-36 所示。单击"智能标记设置"按钮，打开"智能标记"对话框，如图 12-37 所示。

选中"人名"复选框。最后单击"确定"按钮，修改完成。

修改后，再打开"编者信息"表，第一列的列名由"字段 1"改变为"姓名"，智能标记 也出现了，如图 12-38 所示。

选中智能标记，就有效果，如图 12-39 所示。

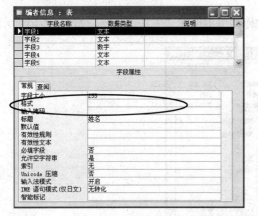

图 12-35　对链接的"编者信息"表属性进行修改

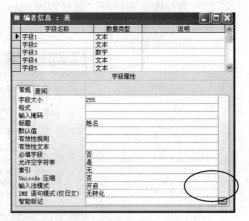

图 12-36　"智能标记设置"按钮

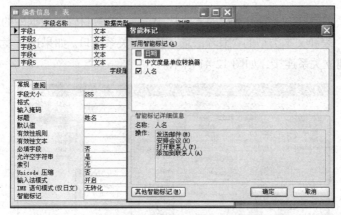

图 12-37　"智能标记"对话框

▣ 编者信息：表				
姓名	字段2	字段3	字段4	字段5
▶ 何友鸣	① ▾ 院	1940.11	硕士	教授
宗大华	清华大学	1956.6	学士	教授
方辉云	武　智能标记操作	1943.5	硕士	副教授
甘初初	北京大学	1954.12	学士	教授
马建新	武汉学院	1959.1	学士	副教授
石辅天	北京师大	1963.2	硕士	教授
刘任任	华中科大	1981.1	博士	副教授
*				

图 12-38　修改链接的编者信息表属性，
并出现智能标记

▣ 编者信息：表				
姓名	字段2	字段3	字段4	字段5
▶ 何友鸣	① ▾ 院	1940.11	硕士	教授
宗大华	人名：何友鸣	1956.6	学士	教授
方辉云	武	1943.5	硕士	副教授
甘初初	北 发送邮件 (M)	1954.12	学士	教授
马建新	武 安排会议 (H)	1959.1	学士	副教授
石辅天	北 打开联系人 (P)	1963.2	硕士	教授
刘任任	华 添加到联系人 (A)	1981.1	博士	副教授
*				

图 12-39　修改链接的编者信息表属性及
设置智能标记的效果

这里要说明一点的是，设置属性是浏览表时的属性。浏览属性与表本身的属性不一定一致，本例中，第一列的属性名原来是"字段 1"修改后为"姓名"，修改后的内容只在浏览数据时表现出来，而数据表本身还是"字段 1"，即修改的内容只是显示时改变了。

（2）设置关系链接

Access 可以通过关系生成器对链接的外部表和 Access 表构建关系，但不能进行参照完整性设置。

如果被链接的其他 Access 数据库表之间已经存在关系，它们将自动继承在其他数据库里设定的关系，原来表之间的连接不能被删除和改变。

Access 可以基于生成器建立的关系来创建窗体和报表。

创建关系的操作如下。

① 打开数据库，如打开"教材管理.mdb"。

② 选择"表"按钮，在空白处右击，并在快捷菜单中选择"关系"命令，如图 12-40 所示。

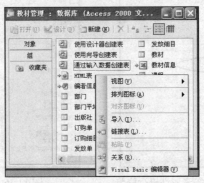

图 12-40　设置关系链接

③ 在打开的关系窗口中，通过拖放的方法从 Access 的教材管理数据库的表窗口中的 Excel 类型的"教材信息"表和文本类型的"编者信息"表拖入关系窗口。如果这两表之间存在关系（本例存在），则可以建立关系连接，如图 12-41 所示。

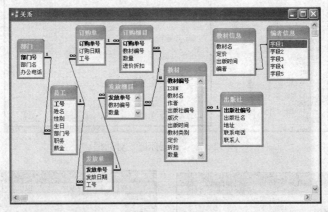

图 12-41　"教材管理"数据库对链接的"编者信息"表和"教材信息"表建立关系

（3）构建外部表的查询

Access 可以对链接的外部表建立查询，可以将一个外部表和另一个链接到数据库中的表（内部表或外部表）连接起来。当使用查询时，查询结果显示出一个使用不同数据源的信息列表。

例如，对 Excel 类型的"教材信息"表和文本类型的"编者信息"表建立一个查询"教材和编者信息查询"。

① 打开"教材管理.mdb"数据库。

② 建立"教材信息"和"编者信息"两表之间的连接，如图 12-41 所示。Excel 类型的"教材信息"表的"编者"字段，和文本类型的"编者信息"表中的"字段 1"字段进行连接。

③ 完成查询设计。进入数据库窗口的查询对象界面；启动查询"设计视图"——选择"在设计视图中创建查询"，单击"设计"或直接双击"在设计视图中创建查询"，在显示表窗口添加教材信息和编者信息，如图 12-42 所示。

关闭"显示表"窗口。

④ 定义查询。选好查询字段如图 12-43 所示。

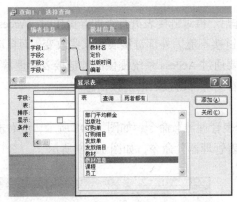

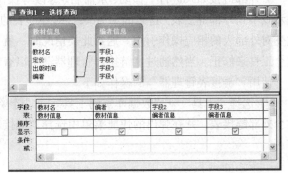

图 12-42　完成查询设计　　　　　　图 12-43　选择查询字段

⑤ 运行查询。结果如图 12-44 所示。可以看到两个不同类型的外部表建立的查询结果。

⑥ 关闭查询窗口，保存此查询为"教材和编者信息"查询，如图 12-45 所示。

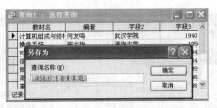

图 12-44　运行查询的结果　　　　　　图 12-45　保存查询为"教材和编者信息"

（4）对链接表的重命名

在 Access 中可以对链接的外部表的表名进行重命名，如用户对外部链接表的名称不满意可以改变外部表的表名，方法如下。

选择数据库"编辑"→"重命名"命令，如图 12-46 所示；或单击文件名，停一下，再单击它；或右击要修改的文件名，在弹出的快捷菜单中选择"重命名"命令，如图 12-47 所示；最后输入新的文件名。

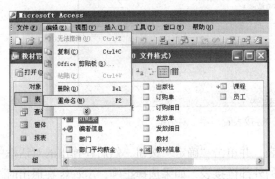

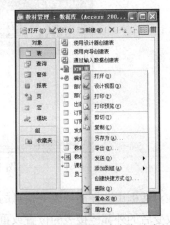

图 12-46　对链接表重命名方法之一　　　　图 12-47　对链接表重命名方法之二

重命名外部文件时，Access 没有重命名实际的原文件名，它只在 Access 数据库的表对象列表里使用新名称。

（5）查看或改变链接表的信息

对外部链接如果进行了移动、重命名、修改等操作后，再对链接表进行查询等操作时，Access 提示找不到外部链接表。这是因为 Access 对外部表的链接不能因外部链接表的某些改变，而自动改变对外部表的相应操作引用。遇到此类情况时，就要通过 Access 系统提供的"链接表管理器"这个工具来修正。当然通过"链接表管理器"可以查看到外部链接表的链接信息。

使用"链接表管理器"的操作如下。

① 选择"工具"→"数据库实用工具"→"链接表管理器"命令，如图 12-48 所示，或右击某个外部链接表，并在弹出的快捷菜单中选择"链接表管理器"命令，如图 12-49 所示。

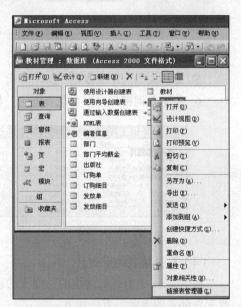

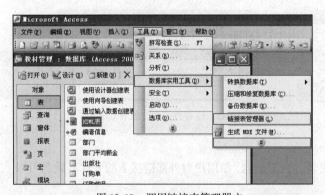

图 12-48　调用链接表管理器之一　　　　　　　　图 12-49　调用链接表管理器之二

② 打开的"链接表管理器"对话框，如图 12-50 所示。

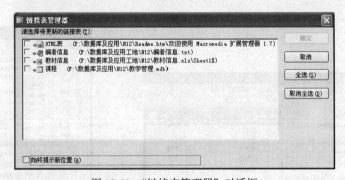

图 12-50　"链接表管理器"对话框

在对话框中选择需要改变信息的链接表，并单击"确定"按钮，然后在弹出的对话框中，再选择改变后的外部链接表的位置或重命名的外部链接表，如果选择正确，Access 在退出时，弹出信息对话框，提示："所有选择的链接表都已成功地刷新了"。

"链接表管理器"的刷新过程是由用户手动完成的，系统不会自动对重命名或移动过的外部链接表自动更新引用，这点与 Access 数据库的内部表的处理是不同的。

Access 数据库对内部表重命名、移动等操作后，系统会自动更新所对应的所有对该内部表的引用。

12.4　导入外部数据

导入外部数据不同于链接表。导入某个文件实际上是将外部文件的内容复制到 Access 表中。当然，这种复制不是简单地复制，而是将某个被导入的外部文件的数据复制到 Access 中，同时将原文件存储格式转换为 Access 表存储格式，即外部数据文件的数据在导入过程中，首先以 Access 表文件格式改变被导入的外部数据文件，然后备份和存储。Access 从外部导入数据时并不删除或破坏外部文件。

导入的数据可以存储到新表中，或存储到已存在的表中，这取决于要导入的数据类型。但是，所有类型的数据都可以被导入到新表中，而只有电子表格和文本文件才可以被导入到已存在的 Access 表中。

如果导入的文件名与 Access 数据库中的某个 Access 表同名，则 Access 将在导入文件的文件名后加一序号（1、2、3 等）以表示文件名的唯一性，直到用户在后面进行唯一性的重命名。

Access 可以导入的文件类型很多，可以是另一个 Access 文件、dBASE 表、FoxPro 表、Excel 表、HTML 文档、带分隔符或固定宽度的文本文件等。下面将对常见的类型文件的导入进行讨论。

1. 导入其他 Access 对象

导入的 Access 对象可以是其他 Access 数据库中的表，也可以是别的数据库中的查询、窗体、报表等。还可以导入自定义的工具栏和菜单。

导入其他数据库表的操作过程如下。

① 打开数据库，如打开"教材管理.mdb"。

② 单击"表"对象。

在空白处右击，在弹出的快捷菜单中选择"导入"命令；或选择"文件"→"获取外部数据"→"导入"命令，如图 12-51 所示。

打开"导入"对话框，如图 12-52 所示。

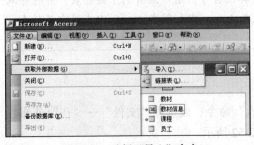

图 12-51　选择"导入"命令

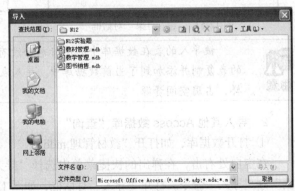

图 12-52　"导入"对话框

③ 在对话框中选择要导入的数据库文件，本例中选择的是"教学管理"数据库。单击"导入"按钮，或双击要导入的数据库文件，打开"导入对象"对话框，并单击对话框右边下面的"选项"按钮，如图 12-53 所示。

在此对话框中分别是表、查询、窗体、报表、宏、模块选项卡。也就是说，可以导入不同的数据库对象。

本例中，"表"选项卡中罗列了"教学管理"数据库中的 5 个表：成绩、课程、学生、学院和专业。导入时，可以从罗列的表中选择一个或多个表进行导入（多表选择时，按住 Ctrl 键，然后单击要选择的表）。

在"导入对象"对话框的下半部分的选项中，还有单选和多选框，提供了许多导入时的附加选项供选择。

"导入"复选项组中有"关系"（默认值）、"菜单和工具栏"、"导入/导出规范"。

"导入表"单选项组中有"定义和数据"（默认值）、"只导入定义"。

"导入查询"单选项组中有"作为查询"（默认值）、"作为表"。

如果选择默认值，意味着将与导入的表相关联的内容全部导入，即导入的不仅是数据本身，还包括与导入表有关的表之间的关系、表结构的定义、依赖于导入表的查询。

如果选择"导入表"单选项组中的"只导入定义"，意味着：不导入数据本身，只导入表之间的关系、表结构的定义、依赖于导入表的查询到当前数据库中。

④ 首先选择"表"选项卡，再选择"表"选项卡中要导入的表和附加选择项（本例是选择"教学管理"数据库中的"学院"和"专业"两个表和默认的附加选择），然后单击"确定"按钮。在当前数据库中就导入了选择的数据库对象，如图 12-54 所示。

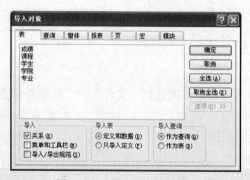

图 12-53 "导入对象"对话框

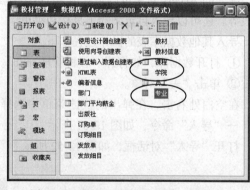

图 12-54 导入"学院"和"专业"两个表

 被导入的表在数据库中的图标前面没有其他符号，这一点有别于链接表，并将导入的表复制并添加到了当前数据库中。导入表在 Access 中如同在 Access 中直接定义的表一样，占用空间资源。

2. 导入其他 Access 数据库"查询"

① 打开数据库，如打开"教材管理.mdb"。

在空白处右击，在弹出的快捷菜单中选择'导入'命令；或选择"文件"→"获取外部数据"→"导入"命令。打开"导入"对话框，如图 12-52 所示。

② 在对话框中选择要导入的数据库文件，本例中选择的是"教学管理"数据库。单击"导入"按钮，或双击要导入的数据库文件。打开"导入对象"对话框，并单击对话框中的"选项"按钮。

③ 选择"查询"选项卡再选择要导入的查询和附加选择项。本例是选择"教学管理"数据库中已建立的一个查询"学院号专业号查询"和默认的附加选择，如图 12-55 所示。

④ 单击"确定"按钮。在当前数据库中就导入了选择的数据库查询对象，如图 12-56 所示。

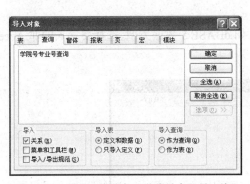

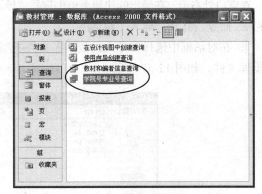

图 12-55　导入查询对象"学院号专业号查询"　　　图 12-56　导入查询对象"学院号专业号查询"

　　　　　时的"导入对象"对话框　　　　　　　　　　　后的"教材管理"数据库

3. 导入其他 Access 数据库"窗体"、"报表"等

工作方式同上，操作步骤如下。

① 打开数据库。打开"导入"对话框。

② 在对话框中选择要导入的数据库文件。单击"导入"按钮，打开"导入对象"对话框。

③ 选择相应的选项卡，在相应选项卡中，再选择要导入的对象。

④ 单击"确定"按钮。在当前打开数据库中就导入了选择的数据库对象。

4. 导入基于 PC 的非 Access 数据库的"表"

从基于 PC 的非 Access 类型数据库的"表"导入时，主要是指导入 dBASE 类型的数据库文件，非 Access 类型数据库可以被直接导入到一个 Access 数据库中。当然，导入过程就是将非 Access 的数据库转换为 Access 类型的数据库。

导入非 Access 类型数据库的数据时，只要在"导入"对话框中的"文件类型"下拉列表中选择正确的数据库类型表，Access 就会自动完成数据类型导入的数据类型转换过程，从而生成 Access 类型数据库。

导入后，非 Access 类型数据库中每个字段的数据类型被转换为 Access 类型字段数据，转换对应关系如表 12-1 所示。

表 12-1　　　　　　　　　　　　从 dBASE 到 Access 的数据类型转换

dBASE 数据类型	Access 数据类型	dBASE 数据类型	Access 数据类型
字符	文本	逻辑	是/否
数值	数字（双精度属性）	日期	日期/时间
浮点	数字（双精度属性）	备注	备注

由于在 Access 数据库的类型定义中没有"字符"类型，所以其他类型数据库中的"字符"类型被转换为 Access 中的"文本"类型，"文本"类型和"字符"类型在含义上没有区别；其他类型数据库中的"逻辑"类型被转换为 Access 中的"是/否"类型，而"日期"转换为"日期/时间"。

在多用户环境中导入数据库文件时，必须对文件以独占方式打开。如果有用户正在使用被导

入的数据库文件,该文件不能被导入。

导入过程的操作如下。

① 打开数据库,如打开"教材管理.mdb"。

在空白处右击,在弹出的快捷菜单中选择"导入"命令,或选择"文件"→"获取外部数据"→"导入"命令,打开"导入"对话框。

② 在对话框中选择要导入的数据库文件类型,如 dBASE 5 数据类型。选择要导入的非 Access 数据库文件,如图 12-57 所示。

图 12-57　导入 dBASE 5 数据类型

③ 单击"导入"按钮。在当前数据库中就导入了选择的数据库(dBASE 5)对象。导入成功后,系统会弹出一个提示框,告知用户导入成功。

5. 导入 Excel 电子表格

从 Excel 表导入过程就是将 Excel 数据表转换为 Access 类型的数据库。

导入 Excel 表时,只要在"导入"对话框中的"文件类型"下拉列表框中选择正确的数据类型表,Access 就会自动完成数据导入时的数据类型转换过程,从而生成 Access 类型数据库。

可以导入电子表格中的所有数据,也可以导入指定工作表或指定单元格区域内的数据,成为一个相应的 Access 类型的数据库表。

一个电子表有时被格式化成一些单元格组。例如,在一个 Excel 的工作表"教材及编者信息.xls"中,有些单元格区域存储的是"编者"数据,而另外单元格区域中存储的是"教材"数据,如图 12-58 所示。

	A	B	C	D	E	F	G	H	I	J
1	编者	学校	生日	学位	职称		教材名	定价	出版时间	编者
2	何友鸣	武汉学院	1940.11	硕士	教授		计算机组成与结构	￥18.00	2007	何友鸣
3	宗大华	清华大学	1956.6	学士	教授		操作系统	￥21.00	2009	宗大华
4	方辉云	武汉学院	1943.5	硕士	副教授		VC/MFC程序开发	￥35.00	2008	方辉云
5	甘初初	北京大学	1954.12	学士	教授		信息系统分析与设计	￥29.20	2003	甘初初
6	马建新	武汉学院	1959.1	学士	副教授		微积分(上)	￥29.00	2011	马建新
7	石辅天	北京师大	1963.2	硕士	教授		高等数学	￥23.00	2010	石辅天
8	刘任任	华中科大	1981.1	博士	副教授		离散数学	￥27.00	2009	刘任任

图 12-58　Excel 表中含有两种不同信息的数据

如果对这样一个两部分甚至多部分综合电子表格进行导入，预处理有如下两种方法。

一是将这两部分或多部分变成两张或多张工作表，分别为 Sheet1、Sheet2 和 SheetN，然后分别导入这两张或多张工作表。

二是将这两部分或多部分分别命名两个或多个区域，然后选择各区域分别导入。

以下我们介绍第二种导入方法，而把第一种导入作为实验题留给读者在实验中完成。

如教材及编者信息.xls，把左边数据定义为"编者"区域（选定区域数据后，在左上角区域名名称框中键入"编者"，然后存盘），如图 12-59 所示。右边数据定义为"教材"区域，定义方法同上，如图 12-60 所示。

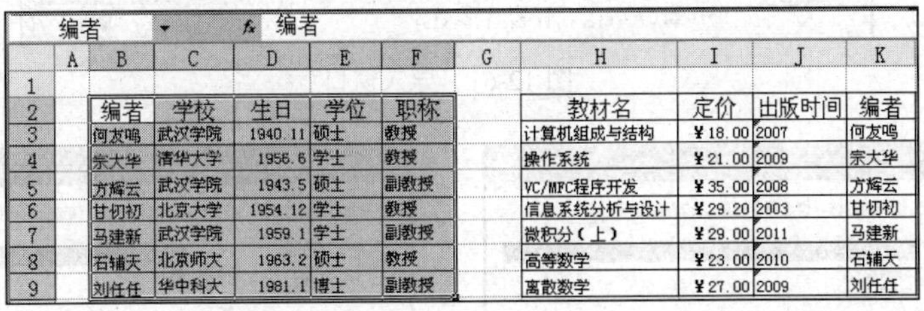

图 12-59 在 Excel 下定义"编者"区域

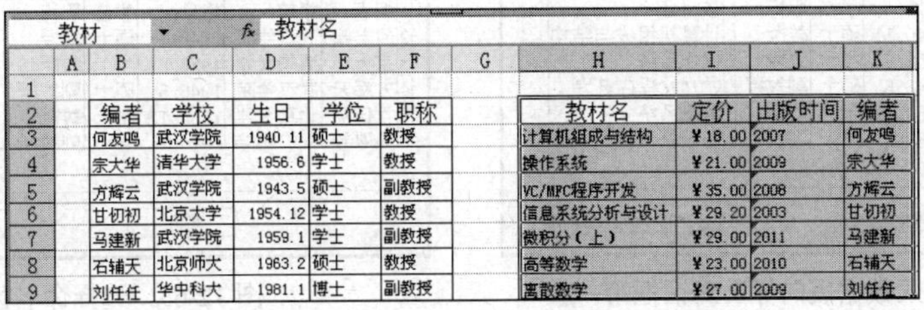

图 12-60 在 Excel 下定义"教材"区域

就现可以导入教材表和编者表两个 Access 表。导入操作时，就要选择 Excel 表中指定单元格范围即区域。把指定范围内的数据导入到相应的 Access 表中，即一分为二（本例一分为二，常规可以一分为三或一分为 N）。

这种选择性的导入，就是限制导入。一次只导入数据源的一部分或 Excel 电子表格的一部分（一个区域或一张工作表）。

导入 Excel 电子表格的操作步骤如下。

① 打开数据库，如打开"教材管理.mdb"。

在空白右击，在弹出的快捷菜单中选择"导入"命令；或选择"文件"→"获取外部数据"→"导入"命令，打开"导入"对话框。

② 在对话框中选择要导入的数据文件类型，本例中选择的是 Excel 数据类型。选择要导入的 Excel 文件"教材及编者信息.xls"，如图 12-61 所示。

③ 双击文件名"教材及编者信息.xls"或单击"导入"按钮，打开"导入数据表向导"对话框第一框，如图 12-62 所示。

在第一个对话框中，如果导入数据源是一张一张的工作表 Sheet，则选择"显示工作表"，后面就一张一张地转换这些工作表；如果导入数据源是一张工作表 Sheet 上的若干个命名区域，则选择"显示命名区域"，后面就一个区域一个区域地转换，如图 12-63 所示。

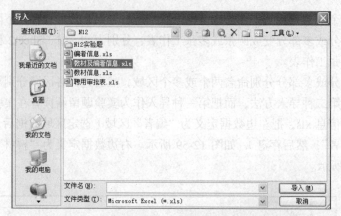

图 12-61　导入窗口

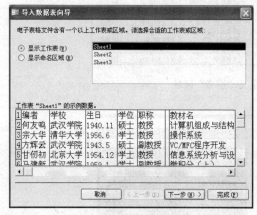

图 12-62　"导入数据表向导"对话框第一框

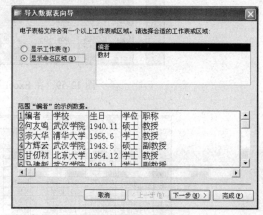

图 12-63　选择命名区域

　　设我们选择第一个区域"编者"区域,单击"下一步"按钮,进入"导入数据表向导"对话框第二框,如图 12-64 所示。

　　在第二个对话框中可以选择"第一行包含列标题",将数据表的第一行设为标题。单击"下一步"按钮,进入"导入数据表向导"对话框第三框,如图 12-65 所示。

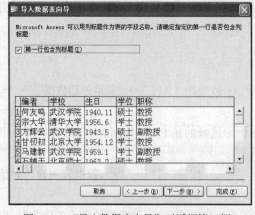

图 12-64　"导入数据表向导"对话框第二框

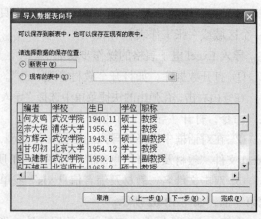

图 12-65　"导入数据表向导"对话框第三框

　　在第三个对话框中,可以将导入的数据是作为一个新的 Access 表存储,也可以在数据库中原来的某个 Access 表中存储，本例选择"新表中"。单击"下一步"按钮，打开第四个对话框，如图 12-66 所示。

在第四个对话框中，可以指定导入数据范围内，改变它和决定是否将其设为索引，修改字段名和字段类型等操作。单击"下一步"按钮，打开第五个对话框，如图 12-67 所示。

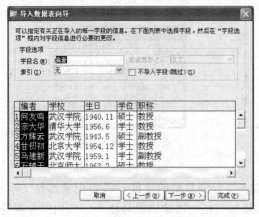
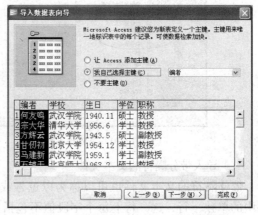

图 12-66 "导入数据表向导"对话框第四框　　　　图 12-67 "导入数据表向导"对话框第五框

在第五个对话框中选择数据表的主键。本例是选择"我自己选择主键-编者"，单击"下一步"按钮，打开第六个对话框，如图 12-68 所示。

在第六个对话框中，确定生成的 Access 表的名称，本例使用"编者"（默认）作为新的导入表名。单击"完成"按钮，结束导入操作，系统提示如图 12-69 所示。

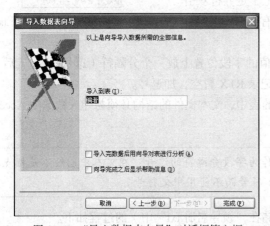

图 12-68 "导入数据表向导"对话框第六框　　　　图 12-69 导入数据表向导完成提示

单击"确定"按钮后，Access 数据库中就产生一个导入的表，如图 12-70 所示。
打开导入的"编者"表，结果如图 12-71 所示。

如果导入的 Excel 文件与所链接的文件同名，并且该文件在关系生成器中使用，那么，Access 将使用被导入的文件覆盖所链接的文件。如果不想覆盖所链接的文件，则重命名导入后的文件名。

6. 导入文本文件数据

如果数据文件原来是以文本格式存储，也可以将其导入到 Access 数据中。如果数据原来以某种字处理文件格式存储，可先对其保存为文本文件格式，再导入到 Access 数据。例如，有数据文件以 Word 文件的 doc 格式存储，导入前可以在 Word 中将该文件另存为 txt 格式的文件再进行导入。

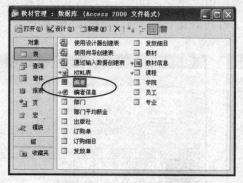

图 12-70　完成导入数据表

图 12-71　导入表的内容

（1）导入带分隔符的文本文件

带分隔符的文本文件也可以称为以逗号或制表符分隔数据的文件。每条记录都是文本文件中的单独一行，这一行上每个字段值不包括尾随的空格，通常以逗号作为字段值的分隔符。如果某字段值的字符串中包含有空格字符时，就要将该字段值的字符串加定界符（单引号或双引号）。

例如，图 12-72 是文本文件"领导名册.txt"，每位领导由 5
个字段组成：姓名、性别、单位、职务、RTX。

每一行是一个记录，每个字段由逗号分隔，如果某个记录
的某个字段值中含有必须的空格字符，就要加上了定界符双引
号或单引号。如第一条记录职务"处　长"之间有空格，用双引
号引起。导入后这个空格将会保留。

图 12-72　文本文件"领导名册.txt"

如果某个记录的某个字段值无值，就在无值的字段位置上放一个分隔符（逗号）。导入后，
Access 表中的相应字段值就会空着。如第二条记录 RTX 暂空，加逗号。

如果决定将导入的文件附加到一个已存在的表中，文本文件的结构必须与导入数据的 Access
表字段结构完全一致。

　　　作为定界符的双引号或单引号、作为字段分隔符的逗号，在文本中已经不是标点符
号的意思，所以要用西文（ASCII 码）符号而不能用中文符号。

导入带分隔符的文本文件（上面的数据存储在"领导名册.txt"中）的过程如下。

① 打开数据库，如打开"教材管理.mdb"。右击空白处，在弹出的快捷菜单中选择"导入"
命令；或选择"文件"→"获取外部数据"→"导入"命令，打开"导入"对话框。

② 在对话框中选择要导入的数据库文件类型，本例中选择的是"文本文件"数据类型，本例
是"领导名册.txt"，如图 12-73 所示。

③ 选择要导入的文本文件，双击或选择后再单击"导入"按钮，打开"导入文本向导"对话
框第一框，如图 12-74 所示。

在第一个对话框中选择"带分隔符—用逗号或制表符之类的符号分隔每个字段"单选按钮，
单击"下一步"按钮，进入"导入文本向导"对话框第二框，如图 12-75 所示。

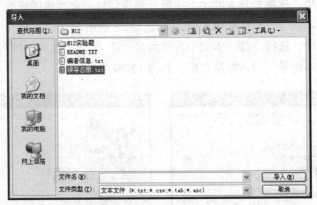

图 12-73　导入文本文件"领导名册.txt"

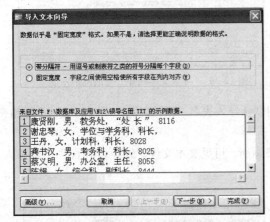

图 12-74　"导入文本向导"对话框第一框

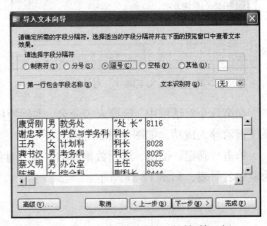

图 12-75　"导入文本向导"对话框第二框

在第二个对话框中，选择是哪一种分隔符（可供选择的有制表符、分号、空格、逗号、其他），本例中选择的是"逗号"。单击"下一步"按钮，进入"导入文本向导"对话框第三框，如图 12-76 所示。

在第三个对话框中，选择作为新表导入还是导入到原来的数据表中，本例中选择的是"新表中"。再单击"下一步"按钮，进入"导入文本向导"对话框第四框，如图 12-77 所示。

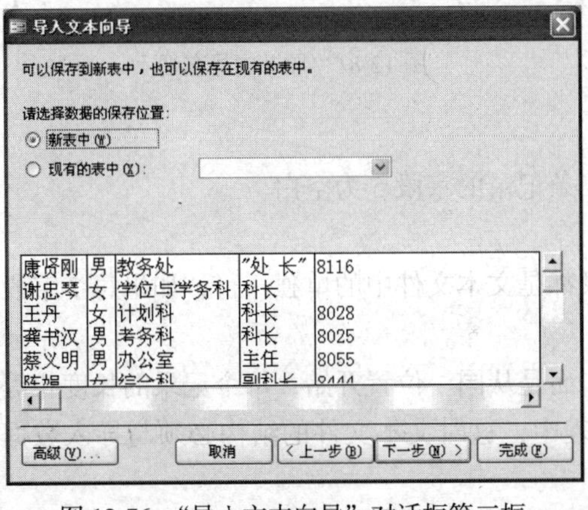

图 12-76　"导入文本向导"对话框第三框 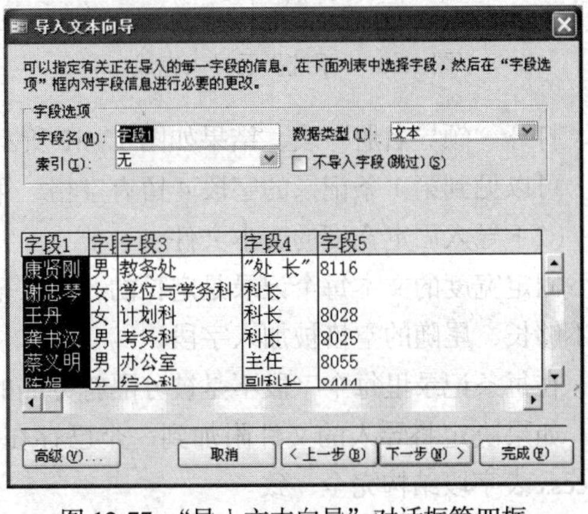　　　图 12-77　"导入文本向导"对话框第四框

在第四个对话框中，选择要导入的文本字段及字段信息和属性值的修改。再单击"下一步"按钮，进入"导入文本向导"对话框第五框，如图 12-78 所示。

在第五个对话框中，选择主键。本例中选择的是"让 Access 添加主键"。再单击"下一步"按钮，进入"导入文本向导"对话框第六框，如图 12-79 所示。

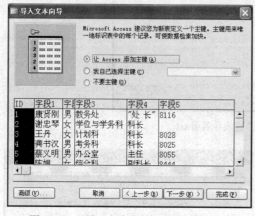

图 12-78 "导入文本向导"对话框第五框   图 12-79 "导入文本向导"对话框第六框

在第六个对话框中，给导入表命名，本例使用默认导入表名"领导名册"。单击"完成"按钮，系统提示导入成功，如图 12-80 所示。

单击"确定"按钮，返回数据库的"表"对象画面，可见文本文件"领导名册.txt"已经导入为领导名册表，如图 12-81 所示。

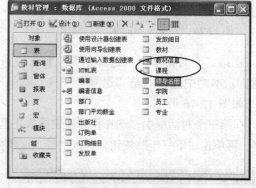

图 12-80 系统提示导入完成   图 12-81 导入领导名册

打开"领导名册"表，结果如图 12-82 所示。

可以见到第 1 条记录的字段 4 留有空格，第二条记录的字段 5 为空白。

（2）导入固定宽度的文本文件

固定宽度的文本每个记录是定长的。每条记录都是文本文件中的单独一行，如果每个字段内容不够长，尾随的空格被加入字段。

在每条记录里每个字段不是被分隔符分隔的，而是从同一位置开始，每个记录的长度相等。

如果决定将导入的文件附加到一个已存在的表中，这时文本文件的结构必须与导入数据的 Access 表字段结构完全一致。

如果被导入到的 Access 表有一关键字字段，则作为导入源的文本文件不能有任何重复的键值，否则导入将出错。

例如，图 12-83 所示的文本文件由 5 个字段组成：姓名、性别、单位、职务、RTX。

图 12-82　导入的领导名册表　　　　　图 12-83　导入的领导名册表

导入固定宽度的文本文件（以"领导名册固定宽度.txt"为例）的过程如下。

① 打开数据库，如打开"教材管理.mdb"。右击空白处，在弹出的快捷菜单中选择"导入"命令；或选择"文件"→"获取外部数据"→"导入"命令，打开"导入"对话框。

② 在对话框中选择要导入的数据库文件类型，本例中选择的是"文本文件"类型。

③ 再选择要导入的具体文本文件，本例是"领导名册固定宽度.txt"，如图 12-84 所示。

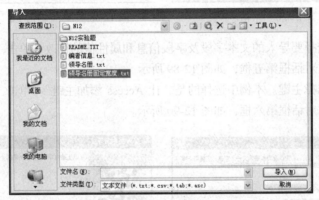

图 12-84　导入领导名册固定宽度.txt

双击"领导名册固定宽度.txt"，打开"导入文本向导"对话框第一框，如图 12-85 所示。

在第一个对话框中，选中单选按钮"固定宽度—字段之间使用空格使所有字段在列内对齐"。单击"下一步"按钮，出现"导入文本向导"对话框第二框，如图 12-86 所示。

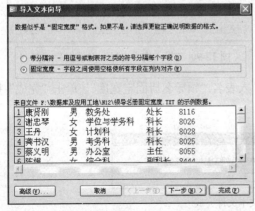
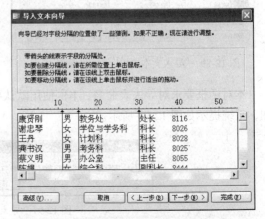

图 12-85　"导入文本向导"对话框第一框　　　　图 12-86　"导入文本向导"对话框第二框

在第二个对话框中，调整字段分隔线到正确的位置。可以根据对话框中的提示，利用"单击"产生一条分隔线，双击分隔线，将删除一条分隔线；先单击一条分隔线，再"拖动"可以移动分隔线。完成后，单击"下一步"按钮，出现"导入文本向导"对话框第三框，如图 12-87 所示。

本对话框中，选择作为新表导入还是导入到原来的数据表中，本例中选择的是默认值"新表中"。单击"下一步"按钮，出现"导入文本向导"对话框第四框，如图 12-88 所示。

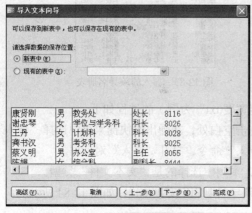

图 12-87 "导入文本向导"对话框第三框

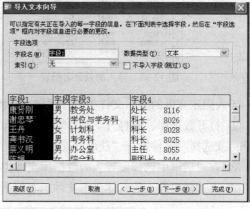

图 12-88 "导入文本向导"对话框第四框

本对话框中，选择要导入的文本字段及字段信息和属性值的修改。单击"下一步"按钮，出现"导入文本向导"对话框第五框，如图 12-89 所示。

本对话框中，选择主键。本例中选择的是"让 Access 添加主键"。单击"下一步"按钮，出现"导入文本向导"对话框第六框，如图 12-90 所示。

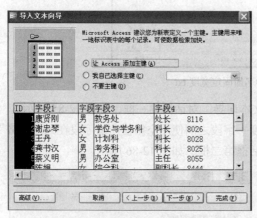

图 12-89 "导入文本向导"对话框第五框

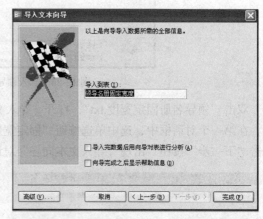

图 12-90 "导入文本向导"对话框第六框

本对话框要求对导入表命名，本例使用默认导入表名"领导名册固定宽度"。单击"完成"按钮，系统提示如图 12-91 所示。

图 12-91 导入文本文件完成

在系统提示窗内单击"确定"按钮，成功导入固定宽度的文本文件，如图 12-92 所示。图 12-93 是导入的"领导名册固定宽度"表的内容。

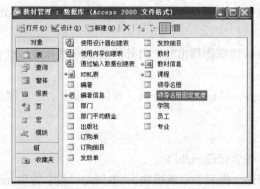

图 12-92 完成导入固定宽度的文本文件　　　图 12-93 领导名册固定宽度表的内容

7. 导入 HTML "表"

Access 可以方便地导入 HTML 格式表。如果存在一个 HTML 格式的数据表（设名为"HTML 格式.html"文件），要将这个 HTML 格式的文件导入到 Access 数据库中，操作步骤如下。

① 打开数据库，如打开"教材管理.mdb"。右击空白处，在弹出的快捷菜单中选择"导入"命令；或选择"文件"→"获取外部数据"→"导入"命令，打开"导入"对话框。

② 在对话框中选择要导入的数据库文件类型，这里要选择的是 HTML 数据类型，然后选择要导入的文件"HTML 格式.html"并双击。

③ 打开"导入 HTML 向导"对话框。

按向导的要求逐步往下做，直到导入完成。

这里不再举例，作为一个课外实验题留给读者完成。

12.5　导出到外部格式

这里介绍与导入操作相反的操作——Access 数据库表的导出。

将 Access 表或查询复制到一个新的外部文件的过程叫做导出。

导出的对象可以是 Access 数据库中的一个表对象，也可以是 Access 数据库中一个查询、窗体、报表、宏或模块对象，当然，不是在任何情况下都能导出上述对象，还要看导出的数据格式类型。

当 Access 的对象包括表向外部文件导出时，原有的 Access 表没有被删除或破坏，产生的导出文件是原表的一个副本。

可以将 Access 的表或查询导出到不同类型的外部文件中，其中，主要的有另外的未打开的 Access 数据库、dBASE X 系列、FoxPro、Excel、HTML、XML、文本文件等类型的资源。

导出数据在实际中经常被使用。例如，Access 数据库中某个表中的数据，要向广大用户以网页方式发布，就可以将 Access 表导出为 HTML 格式，使用者就可以方便地使用 IE 浏览器查看数据，而不必安装数据库系统。

再如，Excel 应用软件是一个功能强大的软件，其中有很多分析模型和分析方法，如假设分析、规划求解、大量统计分析工具等。如果我们将 Access 数据库中存储的数据导出到 Excel 表中，就可以方便地利用 Excel 提供的各种分析方法和工具完成实际应用。

所以，导出是一种重要的功能。Access 数据库可以有效地存储数据，具有强大的查询功能。而其他软件也有其自身优势，我们可以利用其他软件的优势，来对 Access 数据库中的数据进行处理。

1. 向其他 Access 数据库导出对象

将当前 Access 数据库中的对象向另外 Access 数据库导出时，另外的 Access 数据库应处在非打开状态，否则无法完成导出过程。

可向其他 Access 数据库导出的对象类型很多，可以是表、查询、窗体、报表、宏或模块等对象。

导出的操作步骤如下。

① 打开想要导出对象的数据库，如打开"教学管理.mdb"。

② 单击要导出的某个对象（表、查询、窗体、报表、宏或模块），本例是"教学管理.mdb"数据库中的表"学生"。再选择"文件"→"导出"命令。右击要导出的对象，在弹出的快捷菜单中选择"导出"命令，如图 12-94 所示。

单击"导出"按钮，打开导出对话框，如图 12-95 所示。

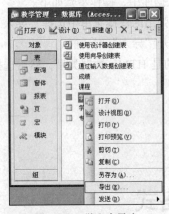

图 12-94　学生表导出

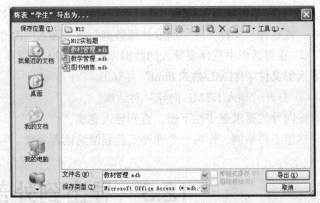

图 12-95　将表导出

③ 在对话框一中选择要导出的数据库文件类型，本例中选择的是 Access 数据类型。选择要导出的目的数据库文件，本例是"教材管理.mdb"，双击或单击"导出"按钮，打开图 12-96 所示的"导出"对话框。

④ 在"导出"对话框中，可以将目的对象重新命名，选择导出的表是包含"定义和数据"，还是"只导出定义"，选择完成后，单击"确定"按钮，导出完成。

完成导出过程后，如要浏览导出结果，要再打开相应的导出目的地数据库，并打开其中被导入的对象。本例打开"教材管理.mdb"，就可以见到学生表，如图 12-97 所示。

在"教材管理.mdb"中，打开从"教学管理.mdb"导入的对象"学生"表，结果如图 12-98 所示。

2. 向其他外部数据库、Excel、HTML 或文本文件导出对象

当向外部数据库、Excel、HTML、文本文件等类型导出对象时，可导出的对象类型主要是表和查询。

导出时，用户选择的目的数据类型不同，导出操作上当然也有不同。如要导出为文本文件，操作步骤与导出为 Excel 就有差异，下面针对 ExceL 类型举例说明，其他操作读者可以自行在实验题中作实验。

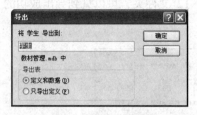

图 12-96　“导出”对话框

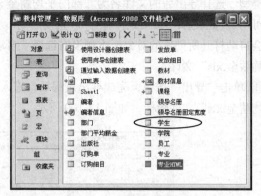

图 12-97　学生表导出到教材管理.mdb

学生 : 表

学号	姓名	性别	生日	民族	籍贯	专业号	简历	登记照
06041138	华美	女	1987-11-9	汉	河北省保定市	0403		
06053113	唐李生	男	1987-4-19	汉	湖北省麻城	0501		
07042219	黄耀	男	1989-1-2	汉	黑龙江省牡丹江市	0403		
07045120	刘权利	男	1989-10-20	回	湖北省武汉市	0403		
07093305	郑家谋	男	1988-3-24	汉	上海市	0904		
07093317	凌晨	女	1988-6-28	汉	浙江省温州	0904		
07093325	史玉磊	男	1988-9-11	汉	湖北省孝感市	0904		
07093342	罗家艳	女	1988-5-16	满	北京市	0904		
08041127	巴朗	男	1989-9-25	蒙古	内蒙古	0403		
08041136	徐栋梁	男	1989-12-20	回	陕西咸阳	0403		
08045142	郝明星	女	1989-11-27	满	辽宁省大连市	0403		
08053101	高猛	男	1990-2-3	汉	湖北生黄石市	0501		
08053116	陆敏	女	1990-3-18	汉	广东省东莞	0501		
08053124	多桑	男	1988-10-26	藏	西藏	0501		
08053131	林惠萍	女	1989-12-4	壮	广西省柳州市	0501		
08053160	郭政强	男	1989-6-10	土家	湖南省吉首	0501		
08055117	王燕	女	1990-8-2	回	河南省安阳市	0501		

记录: 18　共有记录数: 18

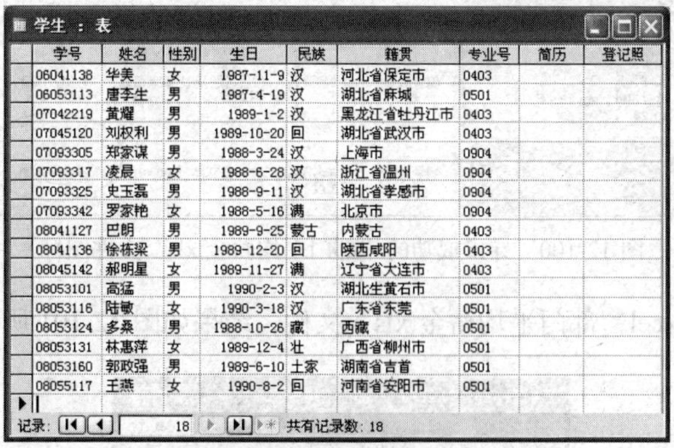

图 12-98　被导入的学生表

以下把“教材管理.mdb”中的“部门平均薪金”表导出为 Excel 表，存放于 F:\N12 下。具体操作步骤如下。

① 打开想导出对象的数据库，这里是打开“教材管理.mdb”。

② 单击要导出的对象，本例是“教材管理.mdb”数据库中的表“部门平均薪金”。再选择“文件”→“导出”命令。右击要导出的“学生”表对象，在弹出的快捷菜单中选择“导出”命令，打开“将表××导出为”对话框，如图 12-99 所示。

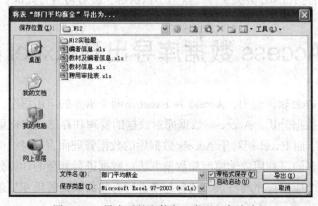

图 12-99　导出后的文件名、类型和存放路径

③ 在这个对话框中，要定义导出后的文件名、类型和存放路径。本例中选择的是 Excel97-2003 数据类型。选择导出后的文件名为"部门平均薪金.xls"，选择导出后的目的文件夹 F：\N12。

可用复选框选择"带格式保存"和"自动启动"。如果选择了这两个复选框导出成功后，Access 系统会自动打开所创建的对象。本例没有选择"自动启动"将不会自动用 Excel 打开创建的"部门平均薪金.xls"文件。

④ 单击"导出"按钮，完成导出过程后，进入 F：\N12 文件夹，可以见到导出成功的"部门平均薪金.xls"文件图标，如图 12-100 所示。

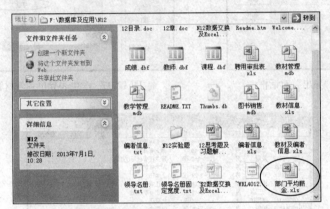

图 12-100　导出成功的"部门平均薪金.xls"文件图标

打开导出成功的 Excel"部门平均薪金.xls"文件，结果如图 12-101 所示。

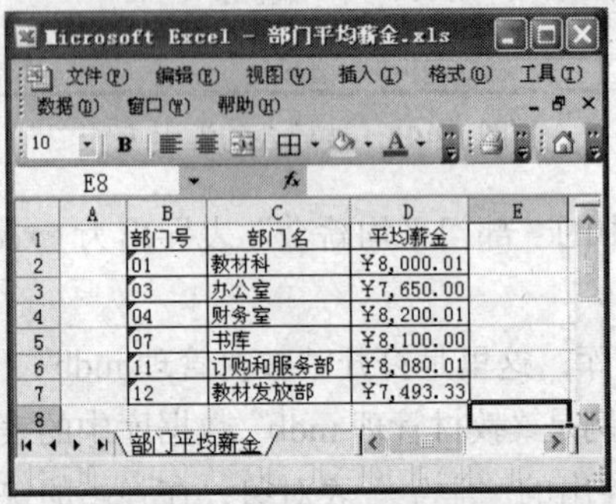

图 12-101　导出成功的 Excel"部门平均薪金.xls"文件内容

把 Access 表导出为 HTML 类型文件，这里不做讲解，读者可自行完成。

12.6　Access 数据库导出到 Excel 的应用

Microsoft Office 办公软件包中，Access 和 Excel 是两个重要的应用程序。这两个应用软件都可以进行数据管理和数据分析。Accecss 数据库对数据的管理和存储结构化程度高，更多的是以数据管理为中心任务。而 Excel 相对于 Access 数据库的数据管理而言，对结构化存储方面要求就没有那么严格，而更多的是利用数学模型和数据方法对数据进行复杂的计算分析。实际中，用户可以很好地利用这两个应用程序的特点，结合起来进行有效的数据管理和复杂的数据计算以及数据分析。

1. 两种表的比较

（1）Access 数据库表

仅就 Access 表而言，Access 数据库中的表是一种结构化的二维表，所谓结构化是指表的同列数据有相同的数据类型（相同字段名、相同数值类型、相同的数据存储宽度等）。每一列称为一个字段，字段的结构化又是由字段属性来描述。要创建一个 Access 表，首先是创建 Access 表结构，也就是使用 Access 系统中的表设计器，如图 12-102 所示。

用户使用 Access 表设计器来设计表中的每一字段及相关属性，然后，再向表中添加数据，即数据是在结构化的框架下填入表中的。Access 表的建立这一过程已在前面的章节中讨论过。

Access 数据库将数据存储于 Access 表中，Access 表又可以再存储到数据库"容器"（.mdb）文件中，并对数据库中的表进行关联，同时还可以创建对数据操作的查询、窗体、报表、模块等。

（2）Excel 表

Excel 表存储于 Excel 工作簿中，一个 Excel 工作簿可以创建多个 ExceL 工作表。我们可以理解 Excel 工作表是 Access 数据库表，但两者又有许多的差异。Excel 表在存储数据时可以不进行结构化直接输入数据，Excel 系统根据输入的数据类型自动处理，而没有表结构设计的要求。

在 Excel 表中，每一列的数据可以是相同数值类型的数据，也可以是不同数值类型的数据。工作表中同一列可以有不同类型的数据如文本型、数值型、日期型等。这在 Access 数据库表中是不可能的。当然，实际应用中，大量的 Excel 表同一列中的数据都是同一类型的数据，这就相当于进行了部分结构化或格式化，也就从一定程度上与 Access 数据库表有相同点。所以，Excel 表是可以导入到 Access 数据库中，以 Access 数据库表的形式存储。

Excel 表能很好地与数据库系统结合在一起，成为数据库表，但是，在创建 Excel 表时，对所创建的 Excel 表有一定的要求，即创建 Excel 表为"数据列表"或"数据清单"。

Excel "数据列表"或"数据清单"是指 Excel 工作表中包含相关数据的一个二维表区域，"数据列表"中的列称为字段，列标志（列标题）是数据库中的字段名。字段名在"数据列表"的第一行。除"数据列表"的字段名所在的行以外，其他的每一行称为一条记录，记录是"数据列表"的数据集合，如图 12-103 所示。

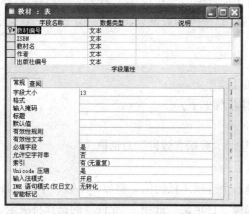

图 12-102　Access 表设计器

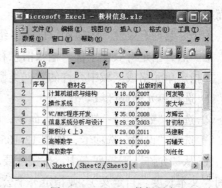

图 12-103　Excel 数据列表

Excel "数据列表"中不留空行。因为空行中的数据类型无法确定，填充空行中的数据时，可能造成列中的数据类型不一致的问题。在 Excel 中一个空行预示着"数据列表"的结束。

在 Excel 中，可以将"数据列表"用作数据库。在执行数据库操作时，例如，查询、排序或汇总数据时，Excel 会自动将"数据列表"视作数据库。

创建"数据列表"时，首先就是创建"数据列表"的第一行（标题行），第一行是描述"数据列表"的描述性标签。

数据列表"列"具有同质性。同质性就是确保每一列中包含有相同类型的信息。即每列中的数据（除第一个数据为标签外）类型是一致的，不要在同一列中混合输入日期和文本等不同类型的数据。

用户可以预先格式化或结构化整列，以保证数据拥有相同的数据格式类型。对单元格的数据类型格式化或结构化，就是对单元格可以存储的数据类型事先进行约定，以后对约定的单元格输入数据时，如输入的数据类型与约定类型不一致，约定的单元格就不接收输入的数据。

格式化单元格数据类型的方法主要有两种：一种是使用"单元格格式"对话框格式化数据类型，另一种是使用"数据有效性"格式化数据类型。以下我们逐一介绍。

2．Excel 表的数据类型格式化

（1）使用"单元格格式"对话框格式化数据类型

格式化方法如下：

单击要格式化的列标选中该列，然后在选中列上右击，在弹出的快捷菜单中选择"设置单元格格式"，或者选择"格式"→"单元格"命令，打开"单元格格式"对话框，如图 12-104 所示，在此对话框中选择与字段（列）要求一致的数据类型。

对每一列单元格在输入数据前，先进行数据类型格式化。如对"姓名"字段格式化数据类型为"文本"类型，"成绩"格式化为"数值"类型等。后面录入的数据就保持设定的类型。

（2）使用"数据有效性"格式化数据类型

Excel 数据有效性特性在很多方面类似于条件格式特性。

使用数据有效性，用户可以建立一定的规则，向单元格中输入的数据做出规定。如果用户输入了一个无效的输入项，可以显示一个提示消息，提示用户输入规定范围内的有效数据。

"数据有效性"有一个应注意的风险，如果用户复制一个单元格，然后把它粘贴到一个包含数据有效性的单元格时，单元格中原来的数据有效性规则就被删除了。例如，规定某一列的单元格只能输入 0～100 的整数；另一列输入的数据来自于某数据"序列"，设"序列"的内容是教授、副教授、讲师、助教、工程师、技术员，也就是说，这一列的数据只能从上述"序列"数据中选择而对"只能输入 0～100 的整数"失效。

关于"数据有效性"的应用，以下介绍 4 点。

第一点，指定有效性条件、输入信息和出错信息。

要指定单元格或区域中允许的数据类型，操作步骤如下。

① 选择单元格或区域。

② 选择"数据"→"有效性"命令，Excel 显示"数据有效性"对话框。

③ 选择"设置"选项卡，如图 12-105 所示。

④ 从"允许"下拉列表中，按实际要求选择一个选项（任何值、整数、小数、序列、日期、时间、文本长度、自定义）。要指定一个公式，选择"自定义"选项。"允许"的选择将决定于可以访问的其他控件。例如，如果选择了"整数"选项，则"数据"控件的设定自动被激活。

⑤ 从"数据"下拉列表中选择设定条件（介于、未介于、等于、不等于、大于、小于、大于等于、小于等于）。"数据"条件的选择将决定于可以访问的其他控件。例如，如果选择了"介于"选项，则"最小值"和"最大值"的设定控件自动被激活。

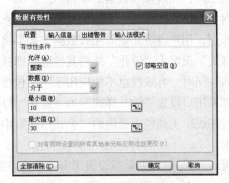

图 12-104　Excel 单元格格式对话框　　　　图 12-105　"数据有效性"对话框

⑥ 单击"输入信息"选项卡（该卡为可选设置），设定当用户选择单元格时显示的消息（或提示性信息）。使用这个可选项，提示用户输入数据时的范围或可输入的数据类型定义域。如果省略了"输入信息"的设置，当用户选择这个单元格时，不会出现任何提示信息。例如，对单元格 A2"输入信息"中设置如图 12-106 所示，则输入数据至 A2 单元格时，将会出现如图 12-107 所示的提示效果。

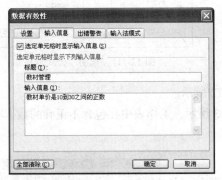

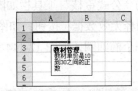

图 12-106　"输入信息"设置　　　　图 12-107　输入信息提示

⑦ 选择"出错警告"选项卡（该卡为可选设置），设定当用户输入一个无效的数据时显示的出错信息。"出错警告"选项卡中"样式"可以有 3 种选择："停止"、"警告"和"信息"。选择不同的样式设置，当用户输入数据有误时，就会弹出的相应对话框也不同，可进一步供用户操作的选择也不同。

如图 12-108 所示，用户设置的为"停止"样式。当输入出错时弹出的对话框如图 12-109 所示。供用户选择的操作有"重试"和"取消"。

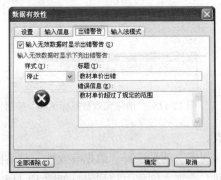

图 12-108　"出错警告"设置之一的停止设置　　　　图 12-109　出错信息

第二点，无效输入数据的审核。

对单元格或区域设置了数据有效性并不意味着这些单元格不能输入无效数据，即使数据有效性起作用，用户也可能输入无效数据。如果将"数据有效性"对话框中的"出错警告"选项卡中的"样式"设置为"停止"外的其他值，即样式设置为"警告"或"信息"时，无效的数据也可以输入，同时，有效性也不能应用于一个包含有公式的单元格。

如果用户设置了除"样式"为"停止"以外的样式，又输入了无效数据，这时的纠错方法可以通过 Excel 工具栏中提供的"公式审核"中的"圈释无效数据"来指出不符合有效性规则的那些数据。

设 A、B、C 三列数据设置了有效性为整数，范围为 1～10，A、B 列数据录入，C 列计算公式为 $C_i=A_i+B_i$，如图 12-110 所示，由于 C 列数据是由公式计算的，带有隐含违规数据。

无效输入数据的审核方法是，如图 12-111 所示，在 Excel 主菜单选择"工具"→"公式审核"→"显示'公式审核'工具栏"命令。

图 12-110 带有隐含违规数据的区域　　　　图 12-111 选用"公式审核"

打开后的"公式审核"工具栏如图 12-112 所示。

单击"圈释无效数据"按钮，如图 12-113 所示，工作表中在包含不正确的数据项的单元格周围就会出现一个椭圆圈，如图 12-114 所示。

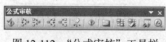

图 12-112 "公式审核"工具栏

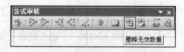

图 12-113 "圈释无效数据"按钮

如果校正了一个无效的输入项，标识圈就会自动消失。

如果不再标注这些无效数据，可以单击"清除无效数据标识圈"按钮，如图 12-115 所示，标注的椭圆圈就会消失。

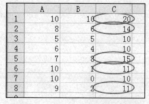

图 12-114 无效数据标识

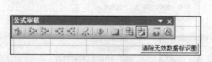

图 12-115 "清除无效数据标识圈"按钮

第三点，使用"数据有效性"创建下拉列表。

对数据有效性的重要应用之一就是创建下拉列表。就是选择"数据有效性"对话框中的"设置"选项卡，在"允许"下拉列表中选择"序列"选项来创建下拉列表，如图 12-116 所示。

例如，有关人事表中有如下信息要输入姓名、性别、职称、籍贯。要求如下。

姓名：文本型数据，且长度为 1～4。

性别：有效性设置是可选择的值是"男"或"女"。

职称：可选择的值是"教授"、"副教授"、"高工"、"讲师"、"工程师"、"助教"、"技术员"。

籍贯：可选择的值是北京市、上海市、天津市、重庆市、湖北省、内蒙古自治区、吉林省。

①"姓名"列的有效性设置。如图 12-117 所示，选择"允许"列表中的"文本长度"；"数据"选择"介于"；"最小值"设为 1；"最大值"设为 4。

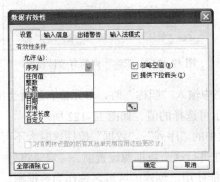
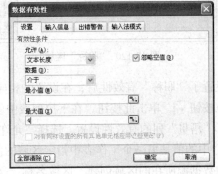

图 12-116　"设置"选项卡中"允许"中的"序列"　　　图 12-117　"姓名"列的有效性设置

②"性别"列的有效性设置。如图 12-118 所示，选择"允许"列表中的"序列"；这时"数据"为不可选项；"来源"设为男,女（注意这里的逗号不是标点符号，而是对系统的指令，一定要用英文逗号）。

这个"性别"序列值是直接在"来源"框中输入，每个列表值之间以逗号分隔。设置了"性别"的有效性后，在设置的相应单元格中输入"性别"时，单元格右边就会出现一个下拉按钮，单击此按钮，在下拉列表中就会显示可选择的值："男"和"女"，也仅此两个值可以选择，如图 12-119 所示。

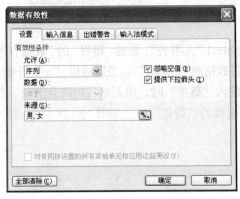

图 12-118　"性别"列的有效性设置　　　图 12-119　"性别"列在录入时的下拉列表

③"职称"列的有效性设置。选择"允许"列表中的"序列"；"数据"控件这时为不可选项；"来源"中的值为一个指定区域的值，区域中的可选择值与数据输入表为同一工作表（"人事表"工作表），区域名为"职称"，如图 12-120 右边加底纹区域所示。

这时，"职称"的可选择值在"人事表"同表的"职称"区域，所以"来源"的内容是 = $F$2：

$F$8（注意这里的冒号必须为英文的冒号）。"来源"设置区域以"="开始，如图 12-121 所示。

图 12-120 "职称"区域

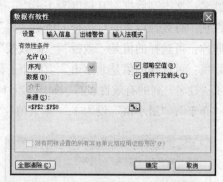

图 12-121 "职称"列的有效性设置

设置了"职称"有效性后，在设置的相应单元格中输入"职称"时，单元格右边就会出现一个下拉按钮 ，单击此按钮，在下拉列表中就会显示可选择的值，如图 12-122 所示。

④ "籍贯"列的有效性设置。选择"允许"列表中的"序列"；"数据"控件这时为不可选项；"来源"中的值是另一个工作表中指定区域的值，则在进行这个数据源设置前，一定要将另一个工作表中数据源所在的区域创建"区域名称"，然后才能使用已创建的区域名称作为数据源。

本例中，"人事表"在 Sheet1，"籍贯"的数据源列表是在同一工作簿的另一个工作表"籍贯数据源"中，首先对"籍贯数据源"工作表中籍贯所在的单元格区域设置区域名称"省市区数据源"，如图 12-123 所示。

图 12-122 "职称"列在录入时的下拉列表

图 12-123 "籍贯"数据源

然后，再选择要设置有效性单元格的工作表 Sheet1"人事表"，设置"籍贯"的"数据有效性"。如图 12-124 所示，"来源"框内的内容是：= 籍贯数据源。"来源"设置区域以"="开始。

设置了"籍贯"有效性后，在相应单元格中输入"籍贯"时，单元格右边就会出现一个下拉按钮 ，单击此按钮，在下拉列表中就会显示可选择的"籍贯"值，如图 12-125 所示。

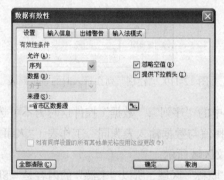

图 12-124 "籍贯"列的有效性设置

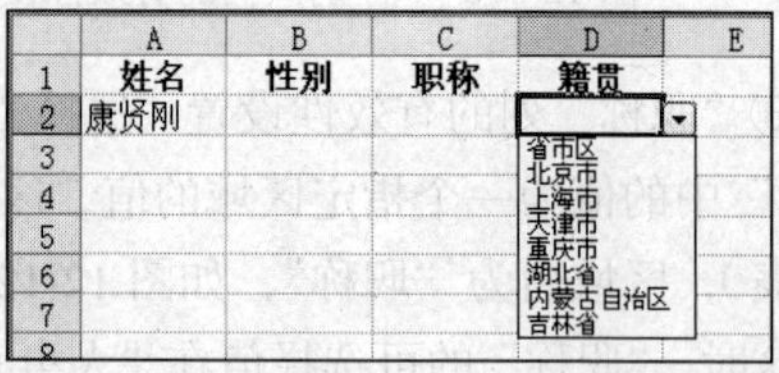

图 12-125 "籍贯"列在录入时的下拉列表

第四点，使用"数据有效性"公式创建接受特定数据输入。

在有效性设置中，选择"允许"列表中的"自定义"，"数据"控件这时为不可选项，"公式"框中输入有效性设置的公式。在"公式"编辑框中输入计算结果为逻辑值的公式。即"公式"编辑框中的公式计算的结果为 true 或 false，数据有效时为 true，数据无效时为 false。

值得注意的是，指定的公式必须是一个能返回 true 或 false 值的逻辑运算公式。如果公式的值为 true，数据被认为是有效的并被保存在单元格中。如果公式计算的值为 false，会出现提示信息框，将显示在"数据有效性"对话框的"出错警告"选项卡中指定的信息。

① 只接受文本的有效性设置。

如果要使指定的单元格或区域中只能输入文本型数据，只要在"公式"编辑框中输入计算公式：＝ ISTEXT（单元格或区域）。

例如，如图 12-126 所示，要指定区域 Al：A20 中输入的只能是文本数据，就可设置"公式"编辑框为"＝ ISTEXT(A1:A20)"。

这时在 A2 中输入非文本数据（货币数据）时，系统提示错误信息如图 12-127 所示。

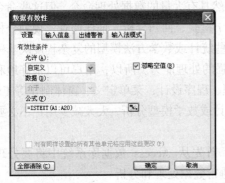

图 12-126　有效性"公示"设置为文本型数据

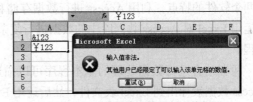

图 12-127　数据类型错误的系统提示

② 接受比另一个单元格更大的值的有效性设置。

下面的数据有效性公式允许用户输入一个（B3 单元格）比另一个单元格（B2 单元格）中的值更大的值。

```
=$B$3>$B$2
```

本有效性设置我们不在这里举例，请在实验中自行完成。

③ 只接受没有重复数据输入的有效性设置。

下面的数据有效性公式禁止用户在区域 Al:B20 中输入有重复的数据。

```
COUNTIF($A$1:$B$20,A1)=1
```

本有效性设置不在这里举例，请在实验中自行完成。

④ 只接受以特定字符开头，且具有特定长度的字符串的有效性设置。

下面的数据有效性公式要求 Al 单元格输入的数据是一个以字母 A 开头，并且包含 4 个字符的文本字符串。

```
COUNTIF(A1,"A???")=1
```

本有效性设置不在这里举例，请自行在实验中完成。

（3）"数据有效性"的删除

如果已设置了数据有效性的单元格或区域中不再需要数据有效性，则可以删除已有数据有效性设置。方法是：打开图 12-128 所示的"数据有效性"对话框，单击对话框左下角的"全部清除"

按钮。清除设置后，"允许"的值变为"任何值"。

3. Excel 的应用

Microsoft Excel 是一个表格处理软件或是一个表格"计算器"，它不仅具有数据存储的功能，而且具有很强的数据计算能力，特别是 Excel 可以对多表中的数据有机地结合，并通过丰富的数学模型和方法对数据进行分析。如数据排序，数据筛选，数据分类，运用统计方法对数据进行 t 检验、回归分析、抽样调查、规划分析等。

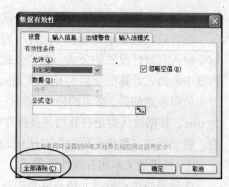

图 12-128　"数据有效性"的删除

在 Excel 中还可以定义控件、窗体、VBA 编程，结合 Excel 处理函数完成复杂的表格数据处理。

当然 Excel 与 Access 系统有着显著的不同，Access 注重的是数据存储管理，它可以运用严格的结构定义来存储和管理数据，并运用数据表关联机制，进行数据完整性的定义，从而保证数据处理中数据的一致性。但是，Acccss 的 DBMS 系统虽然具有大量的数据处理命令，但这些命令中却少见统计或数学处理模型或方法，如要对数据进行 t 检验、回归分析、抽样调查、规划分析等处理时，用户就必须自己重新进行复杂的编程，而这些统计或数学方法模型的复杂程度决非一般知识结构的人所能完成。Excel 在这方面就具备了较强的处理能力。所以，用户可以很好地利用这两个软件的特点，利用 Access 进行数据存储和管理、程序设计、菜单定义、窗体制作等工作，而运用 Excel 对 Access 数据库中的数据进行复杂的统计或数学模型分析，大大减少用户不必要的编程。

两者结合进行数据处理的基本程序可以描述为：首先从 Access 数据库系统中将要处理的 Access 数据表导出到 Excel 表文件，然后运用 Excel 进行数据处理和分析。

以下我们专门讨论 Excel 的数据处理，而对数据从 Access 表中导出到 Excel 表中的方法不再讨论，这部分内容在前面已经做了讲述。

（1）合并统计

在实际的销售业务中，企业有多个销售部门，各部门都编制自己一个销售数据表，记录各部门的销售业绩，而公司对各销售部门的销售业绩要进行汇总，汇总为一个销售业绩总表，也就是数据的合并统计计算。Excel 中的"合并计算"功能能够方便地解决用户的这个问题。此功能将多个工作表和数据合并计算存放到另一个工作表中。

Excel 中多表的合并计算时，要求多个工作表在相同的单元格或单元格区域的数据性质相同。即多表的工作表格形式和工作表中的数据类型是相同的，只是每个工作表中的具体数据不同。

设某销售公司有三个销售部一、二、三部，各部月报表已经从数据库表中导出到 Excel 工作表，并存储在一个名为"销售月报.xls"的工作簿中，如图 12-129 所示。

在销售月报.xls 工作簿中产生一个汇总表，将 3 个销售部的销售额汇总为销售公司的"公司月报"表中。

实现汇总合并计算的操作步骤如下。

① 打开存放 3 个销售部月报的工作簿"销售月报.xls"，在此工作簿中添加一个工作表，命名新工作表为"公司汇总"，将某部门销售工作表复制到"公司汇总"，并修改标题内容为"汇总月报"，同时删除 C3～C11 单元格中的数据，保留单元格格式，"销售部"列的数据修改为"一、二、三部"，如图 12-130 所示。

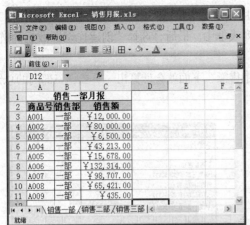

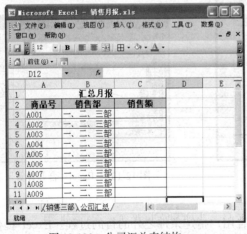

图 12-129 各销售部月报

② 选中 C3～C11 单元格，单击"数据"菜单下的"合并计算"命令，如图 12-131 所示，弹出"合并计算"对话框，如图 12-132 所示。

图 12-130 公司汇总表结构

图 12-131 选择"合并计算"命令

③ 在"合并计算"对话框的"函数"下拉列表中选择"求和"选项。

④ 在"引用位置"文本框中，单击要合并的工作表名称"销售一部"，再选择该工作表中销售额数据单元格区域 C3～C11，再单击"添加"按钮，这时在"所有引用位置"列表框中就出现

了添加进去的销售一部准备合并的计算数据的引用：销售一部!$C$3：$C$11。继续选择其他工作表，将合并数据的引用添加到"所有引用位置"列表框中。最后，选择"创建连至源数据的链接"复选框，如图 12-133 所示。

⑤ 单击"确定"按钮。"公司汇总"表的"销售额"下面就会计算出一、二、三部门的总销售业绩，如图 12-134 所示。

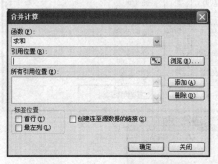

图 12-132 "合并计算"对话框

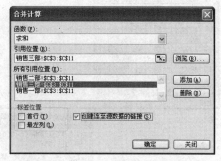

图 12-133 "合并计算"对话框的内容

打开右边的"+"号，可以看到每个商品号的汇总数的来源。

此例是针对工作表结构相同的多个工作进行合并计算，如果几个被合并的工作表结构不同，则不能采用按位置合并计算，而要采用按分类合并计算方法。采用按分类合并计算方法时，在"合并计算"对话框中选择目标区域时，应该包括分类标签所在的行或列，并在左下方"标签位置"选项区域根据分类标签勾选"首行"或"最左列"复选框。

在"合并计算"功能中，不仅可以计算"求和"，而且，还可以合并计算"平均值"、"最大值"、"方差"等结果，如图 12-135 所示。

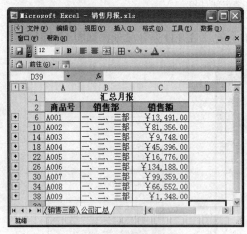

图 12-134 公司销售额汇总

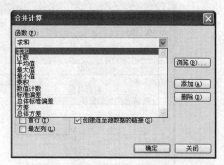

图 12-135 Excel "合并计算"功能

（2）数据的高级筛选

筛选数据列表是一个隐藏所有除了符合用户指定条件之外的行的过程。Excel 提供了两种筛选方法：自动筛选和高级筛选。

自动筛选方法是基本筛选方法，但遇到复杂的问题时自动筛选功能就无法实现，需要使用高级筛选功能来完成。高级筛选功能比自动筛选功能更灵活，但使用前需要做一些准备工作。

在使用高级筛选功能前，需要建立一个条件区域，一个在工作表中遵守特定要求的指定区域。

此条件区域包括 Excel 使用筛选功能筛选出的信息。此区域限定如下。

① 至少由两行组成，在第一行中必须包含有数据列表中的一些或全部字段名称。当使用计算的条件时，计算条件可以使用空的标题行。

② 条件区域的另一行必须由筛选条件构成。

③ 尽管条件区域可以在工作表中的任意位置，但最好不要设置在数据列表的行中，通常可以选择条件区域设置在数据列表的上面或下面。

Excel 的高级筛选条件规则如下。

① 如果筛选条件在同一行中，则同行中的各条件之间是并列关系，即 AND 关系。

② 如果筛选条件在不同行中，则不同行的各条件之间是或者关系，即 OR 关系。

以下作应用举例。

设 Excel 工作簿"员工信息表.xls"的工作表由序号、姓名、职务、年薪、工作地区、雇佣日期、解雇状态 7 个属性构成。

【例 12-1】　筛选出职务中包含"经理"字符，且解雇状态为"未"（未解雇）的员工。

操作步骤如下。

① 在"员工信息表"工作表上面插入若干空行（至少两行），复制"员工信息表"工作表的第一行项目标签到工作表上面第一行。

在第二行"职务"标签下面（C2 单元格）输入"*经理*"。在两个"*"中包含的文本条件表示筛选文本中包含的内容。此例表示，职务中包含"经理"文本。

在第二行"解雇状态"标签下面（G2 单元格）输入"未"，表示筛选出在岗的工作人员，如图 12-136 所示。

这两个条件被设置在同一行中（第二行），表示两个条件是 AND（并列）关系，即筛选出"在岗"的"经理"。

② 选择"数据"→"筛选"→"高级筛选"命令，如图 12-137 所示。

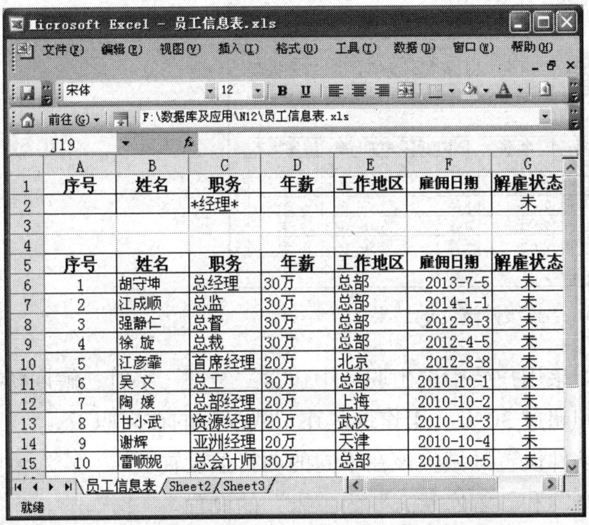

图 12-136　"高级筛选"条件设置

图 12-137　选择"高级筛选"命令

弹出的"高级筛选"对话框如图 12-138 所示。

③ 在"高级筛选"对话框的"方式"下有两个选项，如果选择"在原有区域显示筛选结果"，

则筛选数据源中不满足条件的数据在筛选结果中就被隐藏起来，原数据表区域内显示的是满足条件的所有数据。如果选择"将筛选结果复制到其他位置"，则可以由用户重新选择一个单元格区域存储筛选结果，目的存储区域的选择是在下面的"复制到"后面的文本框中设置。

"列表区域"是说明筛选的数据源，本例中就是"员工信息表"所在的区域：$A$5：$G$15。进入"高级筛选"对话框后，插入标识定位"列表区域"编辑框，然后选择"员工信息表"中的区域，区域地址就在"列表区域"编辑框生成，这里是"员工信息表! $A$5：$G$15"

"条件区域"是用户存储筛选条件的单元格区域，本例中就是"员工信息表"中上面的区域：$A$1:$G$2。同样在"高级筛选"对话框中，把插入标识定位"条件区域"编辑框，然后选择"员工信息表"中的区域，区域地址就在"列表区域"编辑框生成，这里是"员工信息表! $A$1：$G$2"

如果筛选中不需要重复的数据结果，还可以选择对话框中"选择不重复的记录"的复选框，如图 12-139 所示。

图 12-138　"高级筛选"对话框　　　　图 12-139　设置"高级筛选"对话框

④ 最后，单击"确定"按钮，筛选结果就立即生成，如图 12-140 所示。

图 12-140　"高级筛选"的结果

【例 12-2】　如有"员工信息表 1"，如果用户要筛选出职务中包含"经理"字符，解雇状态为"未"状态的员工，或者"年薪"达到和超过 30 万、工作地区在"武汉"的在岗职工。

此问题中存在"或者"条件，所以在条件设置区域应该在不同的两行上设置。

第一行上是包括"职务"为"*总经理*"和"解雇状态"为"未"的设置。

第二行上是"年薪"为">="30 万"和"工作地区"为"武汉"的设置，如图 12-141 所示。

"高级筛选"对话框中的"条件区域"中的设置就应该包含这两行条件，即$A$1:$G$3。高级筛选设置如图 12-142 所示，筛选结果如图 12-143 所示。

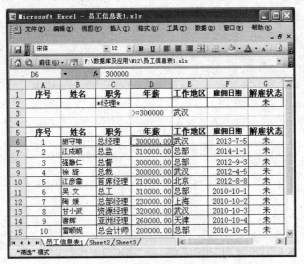

图 12-141　员工信息表 1 和筛选条件

图 12-142　设置筛选条件

图 12-143　"或"条件筛选结果

　　Excel 的其他数据处理如进行市场调查、抽样和相关性分析等，本书因篇幅原因，恕不作介绍，有兴趣的读者，请参阅有关书籍。